国家林业和草原局普通高等教育"十三五"规划教材

植物生物技术实验指导

孙清鹏 主编

中国林业出版社
China Forestry Publishing House

内容简介

全书共有 26 个实验，涵盖植物组织培养、植物分子生物学和生物信息学三大类实验内容。编者根据自己的教学实践，以图文并茂的形式介绍相关内容，以期使学生了解和掌握植物生物技术的基本方法和技能。

本教材是一本简明且实用性较强的植物生物技术实验教程，适合生物学、植物生产类相关专业的本科生使用，也可供从事生物学相关的教学、科研人员参考使用。

图书在版编目（CIP）数据

植物生物技术实验指导 / 孙清鹏主编. -- 北京：中国林业出版社，2024.12. -- （国家林业和草原局普通高等教育"十三五"规划教材）. -- ISBN 978-7-5219-2972-0

I. Q94-33

中国国家版本馆 CIP 数据核字第 20246LH533 号

策划编辑：高红岩　李树梅
责任编辑：李树梅
责任校对：苏　梅
封面设计：睿思视界视觉设计

出版发行	中国林业出版社
	（100009，北京市西城区刘海胡同 7 号，电话 83143531）
电子邮箱	jiaocaipublic@163.com
网　　址	https://www.cfph.net
印　　刷	北京中科印刷有限公司
版　　次	2024 年 12 月第 1 版
印　　次	2024 年 12 月第 1 次印刷
开　　本	787mm×1092mm　1/16
印　　张	6.5
字　　数	150 千字
定　　价	35.00 元

《植物生物技术实验指导》编写人员

主　编　孙清鹏
副主编　于涌鲲
编　者　（按姓氏笔画排序）
　　　　　　于涌鲲（北京农学院）
　　　　　　卢　敏（北京农学院）
　　　　　　史利玉（北京农学院）
　　　　　　孙清鹏（北京农学院）
　　　　　　孙朝霞（山西农业大学）
　　　　　　南张杰（北京农学院）

前　言

随着植物生物技术的迅猛发展，组织培养技术、转基因技术、基因芯片技术和DNA标记辅助育种技术等已广泛应用于植物生物学领域。我国已经在植物生物技术领域取得了引人注目的突破，如中国科学家成功培育出多种转基因作物，这些作物具备抗虫、抗病和抗旱等多重优势，显著提升了农作物的产量和品质。本教材注重植物组织培养、植物分子生物学和生物信息学等方面的知识综合，力求理论与实践相结合，培养学生的基本实验技能和开拓创新的能力。

本教材是编者在多年授课的基础上，参考国内外优秀教材和相关文献编写而成。编写分工：实验1~9由于涌鲲编写，实验10~18由孙朝霞编写，实验19由卢敏编写，实验20由孙清鹏、史利玉、南张杰编写，实验21~26由孙清鹏编写，孙清鹏和于涌鲲统稿。编写过程中，中国林业出版社提供了大力支持和帮助，在此，编者致以衷心的感谢。

限于我们的水平，书中的不妥之处，敬请读者批评和指正。

编　者
2024年1月

目 录

前 言

实验 1　组培实验室及常用设备 ··· 1
实验 2　母液的配制 ·· 3
实验 3　MS 培养基的配制及灭菌 ·· 7
实验 4　番茄种子的启动培养 ··· 10
实验 5　外植体的选取与植物茎段的启动培养 ··· 13
实验 6　叶片愈伤组织的诱导 ··· 16
实验 7　增殖培养 ··· 19
实验 8　生根培养 ··· 21
实验 9　组培苗驯化移栽 ··· 23
实验 10　大肠杆菌感受态细胞的制备 ·· 25
实验 11　外源 DNA 转化大肠杆菌及重组子筛选 ··· 27
实验 12　碱裂解法小提质粒 DNA 和限制性内切酶消化质粒 DNA ···························· 29
实验 13　琼脂糖凝胶电泳 ··· 32
实验 14　植物基因组 DNA 的提取 ·· 35
实验 15　植物总 RNA 的提取及 cDNA 第一链合成技术 ·· 38
实验 16　PCR 扩增目的 DNA 片段 ·· 42
实验 17　非变性聚丙烯酰胺凝胶电泳用于 ISSR 标记分析 ·· 46
实验 18　PCR 扩增产物的克隆技术 ·· 50
实验 19　拟南芥转化技术 ··· 54
实验 20　种子活力的测定 ··· 59
实验 21　核酸或蛋白质序列检索 ··· 61
实验 22　DNA 序列分析 ··· 64
实验 23　蛋白质理化性质和功能分析 ·· 75
实验 24　蛋白质结构预测分析 ·· 79
实验 25　双序列比对工具——Blast ··· 83
实验 26　GEO2R 分析基因表达差异 ··· 86
参考文献 ··· 92
附录　常用试剂溶液、缓冲液、培养基和抗生素的配制 ··· 93

实验 1　组培实验室及常用设备

【实验目的】

1. 参观组培实验室，了解组培实验室的功能及相关仪器设备。
2. 学习植物组织培养常用设备的使用方法。

【实验原理】

通常完整的植物组织培养实验室包括五部分：准备室、缓冲间、接种室、培养室、细胞学实验室。具体的每个实验室可以根据实际需要和条件而进行调整。但要完成植物组织培养的过程，从功能上至少包括准备室、缓冲间、接种间及培养室四部分。在准备室与接种室之间的缓冲间，要设有紫外灯、喷淋等装置。

【实验用品】

1. 仪器与耗材

高压蒸汽灭菌锅、微波炉、干燥箱、冰箱、天平、电磁炉、光学显微镜、移液枪、烧杯、量筒、容量瓶、试剂瓶、三角瓶、解剖刀、镊子、无菌实验服、口罩、鞋套、帽子。

2. 试剂

75%乙醇。

3. 材料

不同阶段的植物组培材料。

【实验方法】

1. 参观准备室

(1) 了解准备室的功能

准备室主要用于培养器皿的清洗，培养基的配制、分装和灭菌，试管苗的出瓶及整理等。

(2) 认识常用玻璃器皿及器械

认识烧杯、量筒、容量瓶、试剂瓶、三角瓶、解剖刀、镊子等，学会其正确的使用方法。

(3) 认识常用仪器设备

认识高压蒸汽灭菌锅、微波炉、干燥箱、冰箱、天平(图 1-1~图 1-3)、电磁炉、各种规格和型号的移液枪等，并掌握其使用方法。

(4) 学习灭菌方法

①干热灭菌：将要灭菌的培养皿、器械等放在恒温干燥箱内，进行干热灭菌，一般在

图 1-1　百分之一天平　　图 1-2　千分之一天平　　图 1-3　万分之一天平

150℃左右恒温灭菌 2 h。

②高压蒸汽灭菌：将要灭菌的培养基、培养皿及器械等置于高压蒸汽灭菌锅内，进行高压蒸汽灭菌，一般选择在 121℃，18~30 min，具体灭菌时间由培养基的体积而定。

③灼烧灭菌：在超净工作台内，将解剖刀及镊子等先浸入 75%乙醇溶液中一段时间，再取出在酒精灯外焰上反复灼烧几次，以此达到灭菌的效果。

2. 参观接种室

(1) 掌握接种室的功能

接种室主要用于进行植物材料表面灭菌、材料切割、接种，对培养材料进行继代培养、生根培养等。

(2) 认识常用仪器设备及用品

认识超净工作台、酒精喷壶、酒精灯、剪刀、解剖刀、镊子、乳胶手套等。

(3) 学习无菌操作的方法

①定期对接种室进行甲醛熏蒸；接种前紫外灯照射接种室 30 min，超净工作台紫外杀菌 30 min。

②进入缓冲间更换无菌实验服、帽子、口罩、鞋套，然后进入接种室。

③对超净工作台进行乙醇喷雾杀菌，用酒精棉球擦拭台面，将所需实验用品用酒精喷洒杀菌，逐一放入超净工作台。

④将实验用品摆放整齐，点燃酒精灯，形成无菌操作区域。在酒精灯外焰上将组培瓶瓶口进行灼烧，开盖。灼烧解剖刀等器械，晾凉，进行接种操作。接种后，再次灼烧瓶口，封盖。在瓶身标注配方编号、接种日期、接种者姓名、接种材料。

3. 参观无菌培养室

①认识常用仪器设备及用品：空调温度调控、培养架及控时器、LED 灯源控制、紫外杀菌灯等。

②保持培养室的洁净，定期清理污染的材料，减少污染源。

4. 参观细胞学实验室

①了解细胞学实验室的功能：主要用于对实验材料进行显微观察和照相等。

②认识常用仪器设备及用品：光学显微镜、切片机等。

【问题与讨论】

1. 最基本的植物组织培养室包括哪几部分？
2. 接种前，打开超净工作台的紫外灯需要进行多长时间的紫外灭菌？

实验 2　母液的配制

【实验目的】

1. 掌握配制母液原则。
2. 学习并掌握培养基母液配制的基本方法。

【实验原理】

通常进行离体组培所用植物培养基主要包括水、无机营养物、有机物质、调节植物生长的植物激素、起固化作用的琼脂几大类，以及其他一些如活性炭、椰汁等添加物。

无机营养物根据植物对其吸收量，可以分为大量元素和微量元素。根据国际植物生理学会的建议，大量元素为植物对其所需浓度高于 0.5 mmol/L 的元素，微量元素为植物对其所需浓度低于 0.5 mmol/L 的元素；大量元素包括 C、H、O、N、P、K、Ca、Mg、S，微量元素有 Fe、B、Mn、Zn、Mo、Cu、Co、Cl 等。在组织培养过程中，离体的植物组织均需从培养基中获取以上矿质元素。不同植物种类对矿质元素的需求量不同，具体的数量需要根据实验确定，其中，以 MS 培养基应用最广泛。MS 培养基中，大量元素溶液和微量元素溶液要分别配制。

有机营养成分包括硫胺素(维生素 B_1)、烟酸(维生素 B_3)、泛酸钙(维生素 B_5)、吡哆醇(维生素 B_6)、钴胺素(维生素 B_{12})、生物素、叶酸等维生素和氨基酸，还包括参与糖类的转化及脂类代谢的肌醇。

植物激素的母液要分别配制。在植物组织培养中，主要通过添加合适的植物激素调控植物脱分化、再分化的过程。常用的植物激素及生长调节物质分为五大类：生长素类、细胞分裂素类、赤霉素类、乙烯和脱落酸。

植物组织培养广泛用到生长素类和细胞分裂类激素。生长素类常用的有 α-萘乙酸(NAA)、吲哚-3-乙酸(IAA)、吲哚-3-丁酸(IBA)、2,4-二氯苯氧乙酸(2,4-D)等，其主要功能和作用是诱导愈伤组织的形成，促进细胞生长和分裂，促进生根。细胞分裂类常用的有 6-苄氨基嘌呤(6-BA)、激动素(KT)、噻苯隆(TDZ)等，其主要功能和作用是促进侧芽萌发，诱导芽的分化，促进细胞分裂和扩大。

赤霉素类能促进植物生长和开花反应。乙烯和脱落酸类兼具促进功能和抑制功能，但抑制功能大于促进功能，属于合成抑制剂类，其应用视具体植物品种而定。

由于培养基中需要添加的矿质无机盐和有机物种类繁多，为了节省时间和操作方便，经常将几类性质相近的试剂，扩大倍数后，混合在一起，配制成几种试剂的母液。

母液配制的原则：①配制的母液浓度要适中，如 MS 的大量元素母液一般扩大 10 倍，微量元素的母液一般扩大 100 或 200 倍，铁盐的母液浓度一般扩大 200 倍，有机物的母液浓度一般扩大 200 倍。②混合后容易产生沉淀的试剂要分开配制。

【实验用品】

1. 仪器与耗材

微波炉、酸度计或精密 pH 试纸、天平、容量瓶、滴瓶、玻璃棒、药匙、称量纸、滴管、烧杯、量筒或容量瓶、移液管或移液枪、试剂瓶、记号笔、洗瓶等。

2. 试剂

硝酸铵、硝酸钾、氯化钙、硫酸镁、磷酸二氢钾、碘化钾、硼酸、硫酸锰、硫酸锌、钼酸钠、硫酸铜、氯化钴、乙二胺四乙酸二钠、硫酸亚铁、烟酸、盐酸吡哆醇、盐酸硫胺素、甘氨酸、肌醇、6-BA、NAA、蒸馏水或去离子水等。

【实验方法】

1. 器皿清洗

先将玻璃器皿用清水冲洗干净，去除残渣。再用洗涤灵或洗衣粉浸泡，洗刷，去除污渍。最后用蒸馏水或去离子水再冲洗一遍，放入干燥箱烘干水分。倒置于 60 cm×60 cm 滤纸上，把水分控干，备用。

2. 配制前的准备

先根据培养基组成和配制体积计算母液试剂用量，然后称取药品，根据需要称取的试剂的量，选择不同精度的天平。一般大量元素选用百分之一天平；微量元素、有机物或铁盐，选用千分之一天平或万分之一天平。

3. 配制培养基母液

(1) 配制大量元素母液

把包含 N、P、K、S、Ca、Mg 六类大量元素的 5 种无机盐化合物配在一起形成混合溶液。根据表 2-1 中的药品用量，分别称取 5 种无机盐化合物，分别加入 100~150 mL 蒸馏水进行溶解。将 5 种无机盐化合物溶液汇集倒入 1 L 容量瓶，氯化钙溶液要最后加入，以避免形成沉淀。用蒸馏水冲洗烧杯、玻璃棒，冲洗的残液也一并转入容量瓶，再用蒸馏水定容至 1 L，转入细口瓶或广口瓶，贴标签，标注：①母液类别；②扩大倍数；③配制日期；④配制人组别或姓名。置于 4℃冰箱贮存备用。

(2) 配制微量元素母液

把包含微量元素 B、Mn、Cu、Zn、Mo、Co、I、Cl 的 8 种无机盐化合物配在一起形成混合溶液。根据表 2-1 中的药品用量，依次称取 8 种无机盐化合物，各加入 100 mL 左右蒸馏水，分别进行溶解。再用蒸馏水定容至 1 L，转入细口瓶或广口瓶，贴标签，标注：①母液类别；②扩大倍数；③配制日期；④配制人组别或姓名。置于 4℃ 冰箱贮存备用。

(3) 配制铁盐母液

准确称取硫酸亚铁 7.45 g，溶于约 400 mL 蒸馏水中，加热并用玻璃棒不停搅拌，以充分溶解。再准确称取乙二胺四乙酸二钠 5.57 g，溶于约 400 mL 蒸馏水中，加热并用玻璃棒不停搅拌，以充分溶解。将两种热的溶液混合，调 pH 值至 5.5，加蒸馏水定容至 1 L，摇匀，倒入棕色试剂瓶中。贴标签，标注：①母液类别；②扩大倍数；③配制日期；④配制人组别或姓名。室温下静置 10 h 以上，让其充分反应，之后观察若无沉淀产生，再放入

表 2-1 MS 培养基母液配制

类别	化合物名称	化学式	配1 L培养基需取药品量/g	扩大倍数	配1 L母液需称取药品量/g	配1 L培养基需吸取母液量/mL
大量元素：N、P、K、S、Ca、Mg	硝酸铵	NH_4NO_3	1.65	20	33	50
	硝酸钾	KNO_3	1.9		38	
	氯化钙	$CaCl_2 \cdot 2H_2O$	0.44（若无水则为 0.332）		8.8（若无水则为 6.64）	
	硫酸镁	$MgSO_4 \cdot 7H_2O$	0.37		7.4	
	磷酸二氢钾	KH_2PO_4	0.17		3.4	
微量元素：B、Mn、Cu、Zn、Mo、Co、I、Cl	碘化钾	KI	0.000 166	200	0.033 2	5
	硼酸	H_3BO_4	0.001 24		0.248	
	硫酸锰	$MnSO_4 \cdot H_2O$	0.004 46		0.892	
	硫酸锌	$ZnSO_4 \cdot 7H_2O$	0.001 72		0.344	
	钼酸钠	$Na_2MoO_4 \cdot 2H_2O$	0.000 05		0.01	
	硫酸铜	$CuSO_4 \cdot 5H_2O$	0.000 005		0.001	
	氯化钴	$CoCl_2 \cdot 6H_2O$	0.000 005		0.001	
铁盐	乙二胺四乙酸二钠	$Na_2EDTA \cdot 2H_2O$	0.037 25	200	7.45	5
	硫酸亚铁	$FeSO_4 \cdot 7H_2O$	0.027 85		5.57	
有机成分	烟酸	$C_6H_5NO_2$	0.000 5	200	0.1	5
	盐酸吡哆醇	$C_8H_{11}NO_3 \cdot HCl$	0.000 5		0.1	
	盐酸硫胺素	$C_{12}H_{17}ClN_4OS \cdot HCl$	0.000 1		0.02	
	甘氨酸	$C_2H_5NO_2$	0.002		0.4	
肌醇	肌醇	$C_6H_{12}O_6$	0.1	200	20	5

4℃冰箱贮存备用。

(4)配制有机化合物母液

准确称取烟酸 0.1 g、盐酸吡哆醇 0.1 g、盐酸硫胺素 0.02 g、甘氨酸 0.4 g，用蒸馏水分别溶解，混合，加蒸馏水定容至 1 L，装入试剂瓶，贴标签，标注：①母液类别；②扩大倍数；③配制日期；④配制人组别或姓名。置于 4℃冰箱贮存备用。

(5)配制肌醇母液

因肌醇溶液易变质，存放时间较短，而且用量较大，所以单独配制，配制量每次配制 200 mL 母液为宜。准确称取肌醇 4 g，用蒸馏水溶解后定容至 200 mL。装入试剂瓶，贴标签，标注：①母液类别；②扩大倍数；③配制日期；④配制人组别或姓名。置于 4℃冰箱贮存备用。

(6)配制激素母液

本实验中，生长素类和细胞分裂素类激素均配制成 1 mg/mL 浓缩液。

细胞分裂素类如 6-BA：可采用少量 1 mol/L 盐酸来溶解。准确称取 6-BA 10 mg，用少量 1 mol/L 盐酸溶解后，加蒸馏水定容至 100 mL，装入试剂瓶，贴标签，标注：①激素名称；②母液浓度；③配制日期；④配制人组别或姓名。置于 4℃冰箱贮存备用。

生长素类如 NAA：用无水乙醇来溶解。准确称取 NAA 10 mg，用无水乙醇溶解后，加蒸馏水定容至 100 mL，装入试剂瓶，贴标签，标注：①激素名称；②母液浓度；③配制日期；④配制人组别或姓名。置于 4℃冰箱贮存备用。

【问题与讨论】

1. 在配制大量元素的母液时，为什么要最后加入氯化钙？
2. 铁盐母液配制完成后，能否立即放入 4℃冰箱中，为什么？

实验 3　MS 培养基的配制及灭菌

【实验目的】

1. 了解 MS 培养基的组成。
2. 掌握 MS 培养基配制的基本步骤及注意事项。
3. 学习 MS 培养基灭菌技术。

【实验原理】

培养基是离体植物材料赖以生存的营养来源，也是离体材料脱分化、再分化的物质基础和能量来源。所有新细胞生长和分裂所需的物质和能量均由培养基提供。MS 培养基是应用最广泛的一个培养基，也称基本培养基。植物材料不同，对培养基的要求不同。

碳源的添加：在组织培养中，因为缺乏叶绿素或叶绿素量少，离体植物细胞或组织无法通过光合作用合成满足自身需要的含碳有机物，因此需要向培养基中添加含碳物质。含碳物质种类和浓度大小对植物的形态建成影响很大。蔗糖是最为广泛添加的含碳物质。蔗糖在培养基中一方面为培养物提供合成新物质的骨架，另一方面是为离体细胞和组织提供新陈代谢的能量，维持渗透压。以常用的 MS 培养基为例，1 L 培养基中通常需要添加蔗糖的量为 30 g。除蔗糖外，葡萄糖、麦芽糖等也常作为碳源添加到培养基中。

无机矿质元素的添加：无机矿质元素包括植物生长必需的大量元素和微量元素等。在 MS 培养基中，这些元素来自添加的矿质无机物硝酸铵、硝酸钾、氯化钙、硫酸镁、磷酸二氢钾、碘化钾、硼酸、硫酸锰、硫酸锌、钼酸钠、硫酸铜、氯化钴。这些矿质元素参与植物的生长、调节植物代谢，是培养基中必不可少的成分。矿质元素在实验 2 中已经配制成几种母液，本实验中，直接根据计算的用量，吸取母液添加到培养基中即可。

有机物的添加：MS 培养基中添加的有机复合物为 B 族维生素，包括盐酸硫胺素、盐酸吡哆醇、烟酸、甘氨酸和肌醇，这些有机物或以辅酶的形式参与代谢，或与酶的形成有关，或直接或间接参与植物细胞膜与细胞壁的构建。

琼脂的添加：琼脂使培养基保持一种固体的形态，起支撑培养物的作用，不提供任何营养。在高于 90℃时以液体状态存在，低于 40℃时以凝胶状固体状态存在。以 MS 培养基为例，1 L 培养基中需要添加琼脂的量为 6~8 g。琼脂的凝固状况受培养基的 pH 值的影响。调节培养基 pH 值超过 6.0 时，培养基会逐渐变硬。一般固体培养基 pH 值调至 6.2~6.5 时比较适合。

激素的添加：有些植物品种，仅使用细胞分裂素就可以诱导无根苗的形成；有些植物品种，需要细胞分裂素和生长素共同作用，才能诱导无根苗的形成。在培养基配制中，添加的生长素与分裂素比例的不同，决定诱导的方向不同。比例高，促进生根；比例低，促进长芽。

附加物的添加：常用的有椰汁、苹果汁、香蕉汁、活性炭、青霉素及链霉素等。椰汁对有些植物有促进分化的作用，通常用量为 100~200 g/L。活性炭主要起吸附作用，通常用量为 0.2%~1%。抗生素的通常用量为 5~20 mg/L。

【实验用品】

1. 仪器与耗材

纯水仪、电磁炉、酸度计或精密 pH 试纸、电子天平、分析天平、高压蒸汽灭菌锅、平底双耳不锈钢锅、移液管、容量瓶、滴瓶、玻璃棒、药匙、称量纸、滴管、烧杯(100 mL、1 L)、量筒(1 L)或容量瓶(1 L)、移液管(1 mL、2 mL、5 mL、10 mL)或移液枪、组培瓶若干、记号笔、耐高温橡皮筋、无纺布(或报纸、牛皮纸)等。

2. 试剂

配制好的各种母液(包括激素母液)、蔗糖(分析纯)、琼脂、浓盐酸、氢氧化钠、蒸馏水或去离子水。

【实验方法】

1. 准备工作

电磁炉插上电源，将大烧杯、玻璃棒、蒸馏水、洗瓶放在实验台上备用。从冰箱里取出配制好的母液，在实验台上按大量元素母液、微量元素母液、铁盐母液、有机化合物母液、激素母液的顺序摆好，备用。

2. 配制 1 mol/L 盐酸溶液或氢氧化钠溶液

(1) 配制 100 mL 1 mol/L 盐酸溶液

取浓盐酸 8.33 mL 缓慢加入盛有适量蒸馏水的烧杯中，同时用玻璃棒搅拌混匀，然后把溶液转入 100 mL 容量瓶中，清洗玻璃棒和烧杯，并将清洗液转入容量瓶，定容至 100 mL 即可。

(2) 配制 100 mL 1 mol/L 氢氧化钠溶液

称取氢氧化钠 4 g，加入适量的蒸馏水中(一般 40 mL)溶解，冷却至室温的氢氧化钠溶液转入 100 mL 容量瓶，清洗玻璃棒和烧杯，并将清洗液转入容量瓶，定容至 100 mL 即可。

3. 蔗糖、琼脂的处理

用电子天平称取蔗糖 30 g、琼脂 6 g，取一个不锈钢锅，将称量好的琼脂和蔗糖放入锅内，加入 600 mL 左右蒸馏水，搅拌均匀。置于电磁炉上加热，并用玻璃棒不断搅拌，至琼脂完全溶解。

4. 吸取母液，混合均匀

取 1 个 500 mL 烧杯，依次用移液管吸取所需的各种母液的量。大量元素母液 50 mL、微量元素母液 5 mL、铁盐母液 5 mL、有机化合物母液 5 mL、肌醇母液 5 mL、耐高温高压的激素母液(根据实验需求确定)。不耐高温激素的添加方法，则是要在培养基高温灭菌后，通过滤膜过滤添加到培养基中(注意：移液管每用一次都要用蒸馏水冲洗)。

5. 定容

取一个 1 L 容量瓶，将煮好的琼脂溶液倒入容量瓶中，再将烧杯中混合好的母液也倒入容量瓶中。摇动容量瓶,将液体混匀,加蒸馏水定容至 1 L。

6. 调节 pH 值

用 1 mol/L 盐酸溶液和 1 mol/L 氢氧化钠溶液来调节 pH 值,将培养基搅拌均匀,调节 pH 值至 6.2~6.4。

7. 复查

检查一遍,确认蔗糖、琼脂、大量元素母液、微量元素母液、铁盐母液、有机化合物母液、肌醇母液、耐高温高压的激素母液是否有遗漏,是否已调 pH 值。

8. 分装

将配制好的培养基进行分装,可分装至 250 mL 组培瓶中。分装要求:①每瓶装 35 mL 左右的培养基;②培养基不能滴到组培瓶瓶口或瓶口附近,避免污染;③将瓶盖盖严;④瓶身用记号笔标注培养基配方及编号。

9. 高压蒸汽灭菌

(1) 码瓶入篮

将组培瓶码入高压蒸汽灭菌锅的提篮中。

(2) 灭菌

①国产高压蒸汽灭菌锅的操作:灭菌前检查锅内水量是否充足,然后将培养基放于锅内,盖好盖,国产高压蒸汽灭菌锅需要关闭放气阀,打开电源,加热升温。当温度升至锅内压力为 0.05 MPa 时,打开放气阀彻底排出锅内冷空气。然后关闭放气阀,压力继续上升。当锅内温度升至 121℃ 时,灭菌计时 15~20 min;计时结束后,关闭电源。

②进口全自动高压蒸汽灭菌锅的操作:调节高压蒸汽灭菌锅的控制面板,选择需要的模式,设置灭菌温度为 121℃,保持 18 min。设置好后,按启动按钮,启动灭菌程序。

(3) 灭菌结束

当压力表显示为零时或听到提示音时,戴好耐高温手套,将培养基取出,自然冷却后,放置于接种室备用。

10. 培养基的保存

灭菌后的培养基可放在培养间室温存储,减少污染。室温保存的培养基要在 2 周内用完。培养基也可以存储在 4℃ 冰箱内,可以存放 3~6 周。

【问题与讨论】

1. 导致培养基不凝的原因可能有哪些?
2. 配制 1 L MS 培养基的具体步骤是什么?

实验 4 番茄种子的启动培养

【实验目的】

1. 学习以种子为外植体的启动培养实验原理及灭菌技术。
2. 掌握种子启动培养的基本操作技术。

【实验原理】

在离体培养中,外植体的灭菌处理是关键步骤,既要将材料表面的细菌等杀死,又要保持材料的正常活性。植物品种不同,取材部位不同,材料的龄级不同,对灭菌剂的耐受度也不一样。要根据外植体的具体情况,配制合适浓度的灭菌剂,并设置灭菌时间。

以种子为外植体的启动培养,根据种子成熟的具体情况,配制培养基的要求不同。对发育成熟的种子,配制启动培养基,要求相对简单,不需要添加生长调节剂,只需配制 MS 基本培养基即可。对发育未完全成熟的种子,配制启动培养基时则需在基本培养基的基础上添加生长调节剂。

以番茄为例,在番茄再生体系的构建中,选取发育成熟的番茄种子,经次氯酸钠灭菌后,接种于 MS+0.1 mg/L 6-BA+30 g/L 蔗糖+6 g/L 琼脂,pH 值为 5.8~6.0 的培养基上(图 4-1)。由种子萌发获得无菌苗,这是一种非常快捷有效的途径。

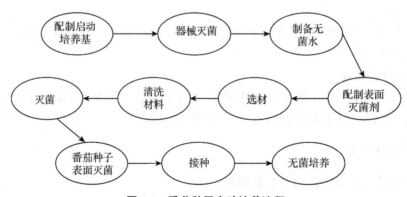

图 4-1 番茄种子启动培养流程

【实验用品】

1. 仪器与耗材

高温消毒器、超净工作台、高压蒸汽灭菌锅、废液缸、无菌器械(包括解剖刀和镊子)、无菌培养皿(内含滤纸)、酒精灯、打火机、酒精棉球、酒精喷壶、带盖的空瓶(沥水用)。

2. 试剂

次氯酸钠、70%乙醇、75%乙醇、无菌水、番茄种子启动培养基。

3. 材料

发育成熟的番茄种子。

【实验方法】

1. 配制番茄种子启动培养基

MS+0.1 mg/L 6-BA+30 g/L 蔗糖+6 g/L 琼脂，pH 值为 5.8~6.0。

①参照实验 2 表 2-1，在 1 L 烧杯中配制各种母液。

②参照实验 3，配制培养基，灭菌，备用。

2. 高压蒸汽灭菌

用高压蒸汽灭菌锅将所需用品，如去离子水、镊子、几个带盖的空瓶、废液缸、内含滤纸的培养皿等，进行高压灭菌后备用。

3. 无菌水制备

根据材料计算需要制备的无菌水的用量。将去离子水装入耐高温试剂瓶或组培瓶，放入高压蒸汽灭菌锅灭菌，制成无菌水，备用。

4. 配制表面灭菌剂

根据次氯酸钠的瓶身标识，计算需要吸取的次氯酸钠的体积，配制成有效氯含量为2%的次氯酸钠溶液（注意：生产厂家不同，次氯酸钠溶液中有效氯含量不同）。

5. 清洗材料

将饱满的番茄种子清洗干净。

6. 灭菌

开启房间紫外灯进行紫外杀菌 30 min，用酒精棉球将超净工作台擦拭干净。将 2%的次氯酸钠溶液装入试剂瓶，瓶身做标注，放入超净工作台。将番茄种子、无菌水瓶、废液缸、无菌空瓶、镊子、培养皿及启动培养基放入超净工作台，开启工作台紫外灯，进行紫外杀菌 30 min。

对身体接触部位消毒。取酒精棉球擦拭手、手腕、前臂等部位，重点擦拭手指甲。用酒精棉球擦拭 2~3 遍，每次都需更换新酒精棉球。

7. 番茄种子表面灭菌

去除包装纸，取出无菌空瓶，装入番茄种子，倒入 70%乙醇，振荡杀菌 30 s，将乙醇沥出，倒入无菌水，冲洗 3 次。倒入稀释好的次氯酸钠溶液，浸没番茄种子消毒 15 min。每隔 1~2 min，振荡瓶子几次，使番茄种子消毒彻底。消毒结束后，沥出次氯酸钠溶液，倒入废液缸。将无菌水倒入瓶中，摇晃材料，将水沥入废液缸，如此反复，用无菌水冲洗3~5 次。

8. 接种

用镊子将番茄种子一粒一粒取出，接种到启动培养基上，每瓶接种约 10 粒，在瓶身标注接种日期、接种者姓名、培养基编号、材料名称。

9. 无菌培养

将接种好的番茄种子转入培养间，调控温度、相对湿度、光照强度等进行无菌培养，并做好观察记录。

【问题与讨论】

番茄种子启动培养的操作步骤是什么?

实验 5　外植体的选取与植物茎段的启动培养

【实验目的】

1. 学习选取植物外植体的方法。
2. 掌握植物茎段培养实验原理和基本操作技术。

【实验原理】

一个植物细胞脱分化的难易程度，取决于它在自然部位上所处位置和生理状态。通常情况下，细胞分裂旺盛的器官较好，常用外植体有茎尖、茎段、叶片、叶柄等。茎段培养是常用的组培方法。

以茎段为离体器官启动的组织培养受外植体品种、培养基、环境条件等因素的影响。就品种而言，木本植物比草本植物较难诱导，双子叶植物比单子叶植物容易诱导。品种选定后，取材时要选取健壮、幼嫩的茎段。

选取适宜的表面灭菌剂，配制表面灭菌溶液。常用的表面灭菌剂有很多。乙醇使用浓度为70%~75%，浸泡时间为30 s左右，可以达到杀菌效果。氯化汞(升汞)是经常使用的表面灭菌剂，它的灭菌效果最好，但较难去除，而且氯化汞属于剧毒物质，需要向公安部门申请，比较难获得。除氯化汞外，在组培实验中经常使用的有次氯酸钠，使用时常配制成有效氯含量为1%~2%的溶液，选择次氯酸钠的原因是试剂容易获得、成本低、容易去除，而且杀菌效果很好。从安全角度考虑，在本科生教学中，建议使用次氯酸钠作为表面灭菌剂。本实验中对长寿花茎段的表面灭菌，先采用75%乙醇浸泡30 s完成首次杀菌，再采用有效氯含量为2%的次氯酸钠溶液进行二次杀菌，灭菌时间为10~15 min。

植物体具有极性，不同于实验4番茄种子的启动培养。在茎段培养时，要注意外植体的极性，接种时要将外植体下端插入培养基，来诱导其正常生长。

本实验以长寿花茎段为例，介绍植物茎段启动培养的具体操作，长寿花启动培养基为MS+0.2 mg/L 6-BA +0.05 mg/L NAA +30 g/L 蔗糖+6 g/L 琼脂，pH值为6.2~6.4。

【实验用品】

1. 仪器与耗材

高温消毒器、超净工作台、高压蒸汽灭菌锅、废液缸、无菌器械(包括解剖刀和镊子)、无菌培养皿(内含滤纸)、酒精灯、打火机、酒精棉球、酒精喷壶、剪刀、几个带盖的空瓶(沥水用)。

2. 试剂

次氯酸钠、70%乙醇、75%乙醇、无菌水、长寿花茎段启动培养基。

3. 材料

长寿花茎段。

【实验方法】

1. 配制长寿花茎段启动培养基

MS+0.2 mg/L 6-BA+0.05 mg/L NAA +30 g/L 蔗糖+6 g/L 琼脂，pH 值为 6.2~6.4。

①参照实验 2 表 2-1，在 1 L 烧杯中配制各种母液。

②参照实验 3 配制培养基，灭菌，备用。

2. 器械等灭菌

用高压蒸汽灭菌锅将所需物品进行高压灭菌备用。所需物品包括：无菌水、镊子、几个带盖空瓶、废液缸、装有滤纸的培养皿等。

3. 制备无菌水

根据材料计算需要制备的无菌水的用量。将去离子水装入耐高温试剂瓶或组培瓶中，放入高压蒸汽灭菌锅灭菌，制成无菌水，备用。

4. 配制表面灭菌剂

根据次氯酸钠的瓶身标识，计算需要吸取的次氯酸钠的体积，配制成有效氯含量为 2%的次氯酸钠溶液（注意：生产厂家不同，次氯酸钠溶液中有效氯的含量不同）。

5. 选材

选取健壮无病虫的幼嫩长寿花茎段，幼嫩组织更易诱导。

6. 流水冲洗

将选取的多个长寿花茎段置于侧下方开口的塑料瓶中，进行流水冲洗；冲洗 4~5 h。

7. 灭菌

开启房间紫外灯进行紫外杀菌 30 min，用酒精棉球将超净工作台擦拭干净。将 2%的次氯酸钠溶液装入试剂瓶，瓶身做标注，放入超净工作台。将无菌水瓶、废液缸、无菌空瓶、镊子、培养皿及启动培养基，放入超净工作台，开启工作台紫外灯，进行紫外杀菌 30 min。

对身体接触部位消毒。取酒精棉球，擦拭手、手腕、前臂等部位，重点擦拭手指甲。用棉球擦拭 2~3 遍，每次都需更换新酒精棉球。

8. 长寿花茎段表面灭菌

去除包装纸，取出无菌空瓶，装入长寿花茎段，倒入 70%乙醇，振荡杀菌 30 s；将乙醇沥出，倒入无菌水，冲洗 3 次。倒入有效氯含量为 2%的次氯酸钠溶液，浸没长寿花茎段，消毒 10 min。其间每隔 1~2 min，振荡瓶子几次，使长寿花茎段消毒彻底。消毒结束后，沥出次氯酸钠溶液，倒入废液缸。将无菌水倒入长寿花瓶中，摇晃材料，将水沥入废液缸；如此反复，用无菌水重复冲洗 5 次。

9. 茎段切割（图 5-1）

将长寿花茎段用无菌镊子取出，置于无菌培养皿中的滤纸上，将茎段的上端和下端各去 3~5 mm，其目的是将被表面灭菌剂杀死的组织去除掉，创造新的切口。将叶子去除，保留叶柄基部（注意：切割后的每个茎段要保留 1~2 个节）。

图 5-1 茎段切割

10. 接种

用镊子将剪切好的长寿花茎段接种到启动培养基上，每瓶接种 3~4 个茎段。接种时一定要注意茎段材料的极性，将茎段的下端插入培养基(图 5-2)。在瓶身标注接种日期、接种者姓名、培养基编号、材料名称。

11. 无菌培养

将接种好的长寿花茎段转入培养间，进行环境条件控制，包括调控温度、相对湿度、光照强度等，并做好观察记录。

图 5-2　茎段接种

【问题与讨论】

1. 选取外植体的方法是什么？
2. 最常用的表面灭菌剂有哪些？

实验 6　叶片愈伤组织的诱导

【实验目的】

1. 学习叶片的启动培养的消毒技术。
2. 掌握以叶片为外植体的启动培养的操作技术。

【实验原理】

植物组织培养的理论基础是植物细胞的全能性。植物细胞全能性理论的核心是植物的每一个细胞，只要给予合适的营养和外界环境，植物细胞经历脱分化和再分化过程，可再生形成新的植株。当然，这在理想化的条件下是成立的，实际操作中，并不是所有细胞都可以再生形成新的植株的。植物的离体培养能否获得成功，与选取的外植体部位、龄级及生理状况，培养基的制备，无菌操作过程及培养环境有很大关系。

离体培养的第一步就是脱分化。脱分化是指在离体条件下，植物细胞、组织或器官经过细胞分裂或不分裂失去原来的生长状态，失去原来的结构和功能，逐渐转变为一团没有组织结构的细胞团的过程。在细胞脱分化过程中，多数状况下形成愈伤组织。

植物细胞的脱分化受很多因素的影响：①创伤或切口，能刺激细胞的增殖，诱导愈伤组织的形成；②受培养基中添加的激素的影响；③受外植体的生理状态和细胞所在位置的影响，植物体不同的生长发育阶段、龄级、外植体的健康状况等都会影响脱分化的效果；④受遗传因素的影响，植物品种对脱分化的影响也很大。

离体培养的第二步就是再分化。再分化过程是指脱分化的细胞，重新进行分化，形成具有一定结构和功能的组织及器官的过程。

本实验以碧玉叶片为外植体，启动脱分化过程，介绍叶片愈伤组织诱导的具体实验操作。培养基为 MS+2.0 mg/L 6-BA+0.1 mg/L NAA +30 g/L 蔗糖+6 g/L 琼脂，pH 值为 6.2~6.4。培养基中添加的细胞分裂素和生长素的比值决定了植物细胞再分化的方向。当添加的生长素浓度稍高、细胞分裂素浓度稍低时，有利于诱导愈伤组织的形成。反之，生长素浓度低、细胞分裂素浓度高时，能诱导和促进不定芽的形成。

【实验用品】

1. 仪器与耗材

超净工作台、高压蒸汽灭菌锅、废液缸、无菌器械(包括解剖刀和镊子)、无菌培养皿(内含滤纸)、酒精灯、打火机、酒精棉球、酒精喷壶、剪刀、毛笔、几个带盖的空瓶(沥水用)。

2. 试剂

次氯酸钠、70%乙醇、75%乙醇、无菌水、碧玉叶片启动培养基。

3. 材料

碧玉植物叶片。

【实验方法】

1. 配制碧玉叶片启动培养基

MS+2.0 mg/L 6-BA+0.1 mg/L NAA +30 g/L 蔗糖+6 g/L 琼脂，pH 值为 6.2~6.4。

①参照实验 2 表 2-1，在 1 L 的大烧杯中加入各种母液。

②参照实验 3 配制培养基，灭菌，备用。

2. 器械等灭菌

用高压蒸汽灭菌锅将所需物品，如无菌水、镊子、几个带盖空瓶、废液缸、装有滤纸的培养皿等，进行高压蒸汽灭菌后备用。

3. 制备无菌水

根据材料计算需要制备的无菌水的用量。将去离子水装入耐高温试剂瓶或组培瓶，放入高压蒸汽灭菌锅灭菌，制成无菌水，备用。

4. 配制表面灭菌剂

根据次氯酸钠的瓶身标识，计算需要吸取的次氯酸钠的体积，配制成有效氯含量为 2%的次氯酸钠溶液(注意：生产厂家不同，次氯酸钠溶液中有效氯的含量不同)。

5. 外植体材料的选取

选择无病、生长健壮的碧玉植株，从植株上剪切比较嫩的叶片。

6. 清洗材料

先将叶片用稀释的洗洁精清洗，用软的毛笔或毛刷刷洗叶片表面，再用自来水冲洗干净，最后用去离子水冲洗。

7. 灭菌

开启房间紫外灯进行紫外杀菌 30 min，用酒精棉球将超净工作台擦拭干净。将有效氯含量为 2%的次氯酸钠溶液装入试剂瓶，瓶身做标注，放入超净工作台。将无菌水瓶、废液缸、无菌空瓶、镊子、培养皿及启动培养基，放入超净工作台，开启工作台紫外灯，进行紫外杀菌 30 min。

对身体接触部位消毒。取酒精棉球，擦拭手、手腕、前臂等部位，重点擦拭手指甲。用棉球擦拭 2~3 遍，每次都需更换新酒精棉球。

8. 碧玉叶片表面灭菌

去除包装纸，取出无菌空瓶，装入碧玉叶片，倒入 70%乙醇，振荡杀菌 30 s；将乙醇沥出，倒入无菌水，冲洗 3 次。倒入有效氯含量为 2%的次氯酸钠溶液，浸没碧玉叶片即可，消毒 15 min。其间每隔 1~2 min，振荡瓶子几次，使碧玉叶片消毒彻底。消毒结束后，沥出次氯酸钠溶液，倒入废液缸。将无菌水倒入碧玉叶片瓶中，摇晃材料，将水沥入废液缸，如此反复，用无菌水重复冲洗 5 次。

9. 切割及接种

用镊子取出叶片，在培养皿的滤纸上用解剖刀去除叶片固有边缘，将叶片切割成 0.5 cm×0.5 cm 大小的正方形(图 6-1)，分别接种在培养基中(图 6-2)。接种方式：平铺后，轻轻

图 6-1　叶片切割

图 6-2　叶片接种

按压一下，让正方形的叶片半浸到培养基中。

10. 无菌培养

将接种好的碧玉叶片转入无菌培养间，进行环境条件控制，包括调控温度、相对湿度、光照强度等。

11. 做好观察记录

3 d 后，统计污染情况；7 d 后观察材料的变化并统计污染情况，统计愈伤组织的诱导率。之后每周做一次观察记录。

$$愈伤组织诱导率 = \frac{产生愈伤组织的外植体数}{外植体总数}$$

【问题与讨论】

1. 选取外植体的原则是什么？
2. 如何对外植体进行消毒？

实验 7　增殖培养

【实验目的】

1. 掌握组培苗增殖的基本原理。
2. 掌握组培苗增殖的基本操作方法。

【实验原理】

培养材料实现增殖的方式主要是诱导不定芽的形成或诱导丛生芽的形成,再通过以芽生芽的方式来实现快速增殖。要完成这一目标,可在配制培养基时通过调控生长素和细胞分裂素的比例,来调控细胞的分化方向。若培养基中的细胞分裂素的比例高于生长素,便可达到不定芽增殖的目的,大多数植物每 4~6 周进行一次继代培养,从而实现快速增殖。

本实验增殖培养以菊花丛生芽为例,增殖培养基为 MS+ 1.0 mg/L TDZ 和 0.1 mg/L IBA+30 g/L 蔗糖+6 g/L 琼脂,pH 值为 6.3~6.5。

【实验用品】

1. 仪器与耗材

超净工作台、高压蒸汽灭菌锅、无菌器械(包括解剖刀和镊子)、无菌滤纸(封在培养皿内)、酒精灯、打火机、酒精棉球、酒精喷壶。

2. 试剂

次氯酸钠、75%乙醇等。

3. 材料

菊花丛生芽。

【实验方法】

1. 配制菊花增殖培养基(以配制 1 L 培养基为例)

MS+ 1.0 mg/L TDZ+ 0.1 mg/L IBA+30 g/L 蔗糖+6 g/L 琼脂,pH 值为 6.3~6.5。

①参照实验 2 表 2-1,在 1 L 烧杯中加入各种母液。

②参照实验 3 配制培养基,灭菌,备用。

2. 器械等灭菌

用高压蒸汽灭菌锅将所需物品进行 121℃灭菌 20 min。需要灭菌的物品包括:镊子、解剖刀、装有滤纸的培养皿等。

3. 设备等灭菌

开启房间紫外灯进行紫外杀菌 30 min。用酒精棉球将超净工作台擦拭干净,将无菌的镊子、解剖刀、培养皿及增殖培养基放入超净工作台,开启工作台紫外灯,进行紫外杀菌

30 min。

4. 增殖培养

①在超净工作台中,先将组培瓶瓶口在酒精灯外焰处进行灼烧,灼烧位置为瓶口 2 cm 处;灼烧 2~3 遍后,开盖,再将瓶口在酒精灯外焰处灼烧 2~3 遍。

②用无菌镊子将菊花丛生芽从玻璃瓶中取出,在无菌滤纸上进行切割,去除发生褐化的部分或坏死的部分;将丛生芽进行分株切割成单芽,把单芽接种至新的培养瓶中,每瓶接种 3~4 个单芽(图 7-1),灼烧瓶口,盖好瓶盖。瓶身标注接种日期、接种材料及接种人姓名。

③无菌培养:将接种好的材料转入无菌培养间,进行培养。每 5 d 左右做一次观察记录,记录培养材料的数量、大小、颜色等的变化及污染的瓶数,并及时清除污染的培养瓶。丛生芽诱导培养 4 周如图 7-2 所示。

图 7-1　丛生芽接种

图 7-2　丛生芽诱导培养 4 周

5. 增殖继代次数

每 4 周左右继代一次。为防止性状退化,继代培养一般控制在 8~10 代。

6. 培养室的消毒

需经常用有效氯含量为 2% 的次氯酸钠溶液或有效氯含量为 2% 的 84 消毒液擦拭组培架的台面和组培间的地面,以防止组培苗的污染。

【问题与讨论】

增殖培养的基本操作有哪些?

实验 8　生根培养

【实验目的】

1. 掌握组培苗的生根原理。
2. 掌握诱导组培苗生根的基本操作方法。

【实验原理】

植物离体培养后所形成的根，从发生上来说，都来自植物的不定根。根的形成包括根源基的形成，以及根源基细胞的分裂和生长。影响离体植物不定根形成的因素有很多，遗传因素、培养基中所添加的激素种类和浓度等都会影响不定根的形成。生长素是促进植物不定根形成的主要激素，且不同种类、浓度的生长素对生根的效应不同。在诱导离体植物生根时，培养基一般选择使用 1/2 MS 培养基，即添加的大量元素的质量减半，以降低培养基中无机盐的浓度。

植物组织培养的过程受很多因素影响，将碳源质量减半是一种常用的诱导植物生根的方法。添加的碳源减半可以减少培养基对细胞造成的渗透压力，更有利于根的形成和生长。

本实验以菊花无菌苗为例，诱导植物生根。生根培养基为 1/2 MS+0.2 mg/L IBA +15 g/L 蔗糖+6 g/L 琼脂，pH 值为 6.3~6.5。将选取的需要生根的丛生苗的单苗，转接到生根培养基上，诱导生根，统计生根率。

$$生根率 = \frac{生根的单苗数}{接种的单苗数} \times 100\%$$

光照是影响植物组织培养的重要因素之一。在植物组织培养过程中，需要根据不同植物的需求和培养目标合理调控光照条件，以获得最佳的培养效果。光照对组织培养植物的影响较大，主要体现在：①光照强度，植物对光照的要求一般是的 1 000~5 000 lx；②光质，红光和蓝光可对植物产生不同的影响。在组织培养过程中，可以选择不同的 LED 灯管，以满足植物不同的需求。红光有利于根的分化，蓝光更容易诱导生芽。培养温度一般为 25℃左右。

培养室的相对湿度因植物类型而异。对相对湿度有较高要求的植物，可以通过加湿器来增加培养间的相对湿度，以满足植物的湿度需求。

【实验用品】

1. 仪器与耗材

超净工作台、高压蒸汽灭菌锅、无菌器械(包括解剖刀和镊子)、无菌滤纸(封装在培养皿内)、酒精灯、打火机、酒精棉球、酒精喷壶。

2. 试剂

75%乙醇、MS 培养基、IBA、蔗糖、琼脂粉等。

3. 材料

菊花丛生苗(3 cm 左右)。

【实验方法】

1. 菊花生根培养基配制(以配制 1 L 培养基为例)

1/2 MS+0.2 mg/L IBA +15 g/L 蔗糖+6 g/L 琼脂，pH 值为 6.3~6.5。

①参照实验 2 表 2-1，添加大量元素的质量减半，即吸取大量元素母液 25 mL。添加的其他母液的量不变。

②称取蔗糖 15 g，其他的参照实验 3 配制生根培养基，灭菌，备用。

2. 器械等灭菌

用高压蒸汽灭菌锅将所需物品进行 121℃灭菌 20 min。需要灭菌的物品包括：镊子、解剖刀、装有滤纸的培养皿等。

3. 设备等灭菌

开启房间紫外灯进行紫外杀菌 30 min，用酒精棉球将超净工作台擦拭干净。将无菌的镊子、解剖刀、培养皿及生根培养基，放入超净工作台，开启工作台紫外灯，进行紫外杀菌 30 min。

4. 生根培养

①在超净工作台中，先将组培瓶瓶口在距酒精灯外焰 1 cm 处进行灼烧。灼烧位置为瓶口 2 cm 处，灼烧 2~3 遍后，开盖，再将瓶口在酒精灯外焰处灼烧 2~3 遍。

②用无菌镊子将菊花丛生芽从玻璃瓶中取出，在无菌滤纸上进行切割，去除发生褐化的部分或坏死的部分；将 3 cm 高度丛生芽切割成单芽，接种于生根培养基中，诱导生根。每瓶接种 4~6 个单芽。在距酒精灯外焰 1 cm 处盖好瓶盖并进行灼烧。瓶身标注接种日期、接种材料及接种人姓名。

5. 无菌培养

将接种好的材料转入无菌培养间，进行组织培养。每 5 d 左右做一次观察记录，记录单苗生根情况包括根粗壮程度、颜色变化等，统计生根率。

【问题与讨论】

生根培养基与启动培养基相比，大量元素的含量有什么不同？

实验 9　组培苗驯化移栽

【实验目的】

学习组培瓶苗驯化与移栽的基本技术。

【实验原理】

组培苗的驯化又称炼苗,是组织培养过程中非常重要的一个环节。组培苗通常在 25℃恒温、高湿、无菌、光照恒定的室内环境中生长,而室外的生长环境与室内的培养条件截然不同,所以组培苗从无菌玻璃瓶到大田种植,需要经历一个逐步适应环境的驯化过程。根据实验材料可制定具体驯化方案,以确定 1~2 种最优的基质配比。基质的选择原则:①具有一定的保水性,如蛭石等;②具有一定的通气性,如草炭土、珍珠岩、河沙等。本实验以碧玉组培苗为例,介绍驯化组培苗的方法。

【实验用品】

1. 仪器与耗材

组培间及组培架、大棚及喷灌设施。

2. 试剂

甲基托布津、穴盘、蛭石、草炭土、珍珠岩。

3. 材料

碧玉或其他植物带根无菌苗。

【实验方法】

①在培养间将碧玉无菌苗的瓶盖旋开,半扣在组培瓶上,初步驯化 3 d。

②将瓶盖完全去除,再驯化 3 d,使组培苗逐步适应外界的环境。

③根据碧玉的生理特性,选用的驯化基质配比为:蛭石:珍珠岩:草炭土=1:1:1。将基质混合均匀后,放入高压蒸汽灭菌锅 121℃灭菌 30 min。

④将在培养间驯化一周左右的组培苗移至温室。将幼苗从组培瓶中小心取出,避免伤苗。将幼苗基部的培养基用清水冲洗干净,清洗时避免伤根。

⑤在无菌基质中拌入适量的多菌灵或甲基托布津等杀菌剂,拌匀,将基质装入穴盘,备用。

⑥将去除培养基的组培苗移栽至穴盘中,滴灌喷水,将基质浇透。在穴盘或苗床的上方搭盖支架,支架上方覆盖塑料膜,做好保湿措施,驯化 4 周左右。每周要用稀释的杀菌剂(如 1/1 000 的甲基托布津等)喷淋幼苗。也可以辅助喷淋 1/20 的大量元素溶液,补充幼苗营养。

⑦移栽：去除塑料膜，将小苗移植营养钵或大田中。

【问题与讨论】

1. 在驯化时为什么要加入甲基托布津？
2. 在驯化初期为什么要加塑料膜覆盖穴盘？

实验10　大肠杆菌感受态细胞的制备

【实验目的】

1. 以氯化钙法为例，掌握大肠杆菌感受态细胞制备的原理与技术。
2. 熟悉 LB 培养基的配制过程。
3. 制备大肠杆菌 DH5α 的感受态细胞。

【实验原理】

质粒 DNA 或以其为载体的重组 DNA 需要被导入受体细胞或宿主细胞内才能扩增和表达。受体细胞分为原核细胞（如大肠杆菌）和真核细胞（如酵母、哺乳动物细胞、植物细胞）两大类。原核细胞既可作为基因复制扩增的场所，也可作为基因表达的场所；真核细胞多被用作基因表达系统。大肠杆菌在未经处理时很难接纳重组 DNA 分子，但如果经过物理或化学方法处理，细胞会变得敏感而易于接受外源 DNA，这种处于易于接受外源 DNA 的生理状态的细胞叫作感受态细胞（competent cell）。当培养至对数生长期的大肠杆菌在 0℃、经过二价阳离子（如 Ca^{2+}、Mg^{2+} 等）低渗溶液处理后，细菌细胞就会膨胀为球形而成为高效的感受态细胞。本实验以氯化钙处理大肠杆菌细胞为例，了解和掌握感受态细胞的制备过程。

【实验用品】

1. 仪器与耗材

高速制冷离心机、培养箱、恒温摇床、恒温水浴锅、超净工作台、冰箱、超低温冰箱、制冰机、紫外分光光度仪、离心管。

2. 试剂

LB 固体培养基、LB 液体培养基、0.1 mol/L 氯化钙溶液、20% 甘油。

LB 液体培养基的配制：称取酵母提取物（yeast extraction）5 g、胰蛋白胨（tryptone）10 g、氯化钠 5 g。用水溶解，调 pH 值至 7.0，定容至 1 L（固体培养基加 15 g 琼脂），分装密封（注意：所有试剂均需高压灭菌）。

3. 材料

大肠杆菌 DH5α 菌株。

【实验方法】

①将低温保存的大肠杆菌 DH5α 菌株划线接种在已灭菌的不含抗生素的 LB 固体培养基上，在 37℃ 培养箱中过夜培养。

②挑一单菌落接种于 LB 液体培养基中，37℃ 250 r/min 培养过夜（约 16 h）。

③取 1 mL 培养过夜的菌液加入 100 mL LB 液体培养基中，37℃ 250 r/min 活化培养 2~3 h，至 A_{600} = 0.2~0.4（使细胞数小于 10^8 个/mL，此条件下制成的感受态细胞转化效率高）。

④将培养液分装到 2 个 50 mL 预冷的无菌离心管中，冰水浴中放置 10 min，使培养物冷却到 0℃。4℃ 4 000 r/min 离心 10 min，收集菌体。

⑤倒掉上清液，用 10 mL 预冷的 0.1 mol/L 氯化钙溶液重悬细胞，冰上放置 10 min。4℃ 4 000 r/min 离心 10 min。

⑥弃掉上清液，细胞沉淀用 8 mL 预冷的 0.1 mol/L 氯化钙溶液轻悬，转入 10 mL 预冷的离心管中。冰浴中保存备用（12~14 h 转化效率最高）；如需长期保存，则加入已灭菌的 20% 甘油，每管以 100 μL 分装于 1.5 mL 离心管中，液氮速冻后，-80℃ 保存备用。

注意事项：
①每次离心后，尽量将上清液去除干净，以防 LB 培养基的污染。
②整个实验操作保持无菌及冰浴环境。
③感受态细胞使用时随取随用，避免反复冻融而降低转化效率。

【问题与讨论】

1. 处于何种生长状态的大肠杆菌 DH5α 能够用于制备感受态细胞？
2. 为什么大肠杆菌感受态细胞的制备过程需要在冰上进行？

实验 11　外源 DNA 转化大肠杆菌及重组子筛选

【实验目的】

1. 了解转化子在分子生物学研究中承上启下的重要意义。
2. 学习将外源 DNA 转入受体菌(大肠杆菌)细胞的技术。
3. 掌握筛选重组子的原理及方法,评估质粒转化结果。

【实验原理】

转化是将异源 DNA 分子引入另一细胞品系,使受体细胞获得新遗传性状的一种手段。经过氯化钙处理的大肠杆菌感受态细胞,在一定条件下能够允许外源 DNA 进入,实现转化。经过转化后的细胞再经过恢复、繁殖,最后利用质粒上的遗传选择标记进行筛选,即可筛选出转化子(接纳有外源 DNA 分子的受体细胞)或重组子(含有重组 DNA 分子的转化子)。依据载体的不同特征主要有以下两种筛选方法。

带抗性标记的质粒载体转化大肠杆菌的筛选方法:当带有完整抗药性基因的载体转化到无抗药性细菌细胞后,转化子就获得了抗药性,能在含有相应抗生素的 LB 平板上生长成菌落,而非转化子则不能生长。

利用 *LacZ* 基因插入失活的筛选方法——蓝白斑筛选法:部分载体如 pUC、pGEM 系列、M13 噬菌体同时含有氨苄青霉素抗性基因和编码 β-半乳糖苷酶(β-galatosidase)基因(*LacZ* 基因)。若外源基因插入 *LacZ* 基因内则破坏了读码框而产生失活的 α 肽段;而宿主菌染色体上携带的缺陷基因能编码产生其余肽段,当二者之间进行基因内互补,则会产生有活性的 β-半乳糖苷酶基因,从而使宿主细菌在含有异丙基-β-D-硫代半乳糖苷(isopropyl β-D-1-thiogalactopyranoside,IPTG)、5-溴-4-氯-3-吲哚-β-D-半乳糖苷(5-Bromo-4-chloro-3-indolyl β-D-galactopyranoside,X-gal)的培养基上呈蓝色。因此,在同时含有氨苄青霉素和蓝白斑筛选显色剂(X-gal)的平板上筛选,未转化细胞不能生长,空载体转化菌长成蓝色菌落,重组子长成白色菌落。

【实验用品】

1. 仪器与耗材

超净工作台、高速制冷离心机、恒温摇床、酒精灯、涂布器、恒温水浴锅、电子天平、制冰机、高压蒸汽灭菌锅、三角瓶、烧杯、量筒、培养皿、封口膜、微量移液器和吸头、离心管。

2. 试剂

LB 液体培养基、LB 固体培养基[含 50 μg/mL 氨苄青霉素(Amp)]、20% IPTG、2% X-gal。

3. 材料

感受态细胞、质粒 pUC19。

【实验方法】

①取已制备好的感受态细胞置于冰上溶解后，将 0.1 μg 质粒 DNA 加入感受态细胞中，用吸头缓慢搅动混匀，冰上放置 30 min。

②42℃水浴锅中热激 90 s 后，迅速转移至冰上静置 2 min。

③向上述离心管中加入 600~1 000 μL LB 液体培养基，37℃ 150 r/min 振荡培养 1.5~2 h。

④在超净工作台上，用涂布器在 LB 固体培养基上(含氨苄青霉素)均匀涂抹 2% X-gal 40 μL 和 20% IPTG 4 μL 的混合液。

⑤将活化后的菌体均匀涂布于含氨苄青霉素的 LB 固体培养基上，置于 37℃ 培养箱中，1 h 后将固体培养基倒置，培养 16 h。

⑥取出培养皿于 4℃ 放置数小时，使菌斑在这期间充分显色，成功的重组子显示为白色菌落。

注意事项：

①实验所用吸头、试剂等均应灭菌后使用。

②涂布培养物时应尽量均匀涂抹并涂干，使培养基充分吸收培养物，以获得较好的转化结果。

【问题与讨论】

1. 培养皿在 37℃ 培养时，为什么要倒置培养？
2. 重组子的筛选有哪些方法？它们分别基于哪些基本原理？

实验 12　碱裂解法小提质粒 DNA 和限制性内切酶消化质粒 DNA

【实验目的】

1. 学习并掌握碱裂解法小提质粒 DNA 的技术。
2. 掌握 DNA 消化的原理及方法。
3. 熟练并正确使用移液枪、高速冷冻离心机等仪器。

【实验原理】

质粒(plasmid)是细胞染色体外一种环状 DNA 分子，它随寄主细胞稳定遗传，在基因操作中具有非常重要的作用。例如，基因操作中往往都是将目的片段先插入通用大肠杆菌载体的多克隆位点区后，进行直接测序或根据需要再克隆到其他载体上。大肠杆菌质粒多为一些环状的 DNA 分子，它们是独立于细菌染色体之外进行复制和遗传的单位。质粒的存在能赋予菌体一些特殊的表型，主要包括修饰酶的作用和对抗生素的抗性等。因此，质粒的分离与提取也成为最常用、最基本的一项实验技术。

碱裂解法是一种应用广泛的制备质粒 DNA 的方法。十二烷基磺酸钠(SDS)是一种阴离子表面活性剂，能使细菌细胞裂解、蛋白质变性。用 SDS 处理细菌后，会导致细菌细胞破裂，释放出质粒 DNA 和染色体 DNA，二者在强碱环境都会变性。当加入酸性乙酸钾溶液使 pH 值恢复近中性时，绝大多数变性质粒 DNA 可以恢复到自然状态溶解在液体中，而变性染色体 DNA 则难以复性。在离心时，大部分染色体 DNA 与细胞碎片、杂质等缠绕一起被沉淀下来，而可溶性的质粒 DNA 留在上清液中。再由异丙醇沉淀、乙醇洗涤，便可得到纯化的质粒 DNA。

限制性内切酶(restriction endonuclease)是一类具有严格识别位点，并在识别位点内或附近切割双链 DNA 的脱氧核糖核酸酶。根据其生物学活性特点，建立一个最适的缓冲体系(温度、pH 值、离子强度)，使内切酶能最大限度地发挥其切割作用(图 12-1)。酶切反应终止后，取适量反应液进行快速琼脂糖凝胶电泳检测。

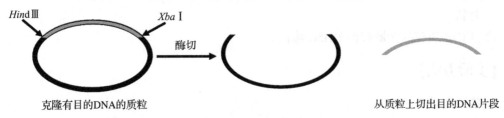

图 12-1　限制性内切酶切割双链 DNA 示意

【实验用品】

1. 仪器与耗材

冷冻离心机、恒温培养箱、高压蒸汽灭菌锅、恒温水浴锅、电子天平、高速台式离心机、移液器及吸头、制冰机、三角瓶、烧杯、刻度量筒、培养皿、试管、封口膜、无菌离心管(1.5 mL)。

2. 试剂

LB 培养基、溶液Ⅰ、溶液Ⅱ、溶液Ⅲ、TE 缓冲液、70%乙醇、RNase A、氨苄青霉素、HindⅢ、XbaⅠ限制酶、RNase 酶。

(1) LB 培养基的配制方法

参见附录。

(2) 溶液Ⅰ的配制方法

Tris-HCl (pH 8.0)	25 mmol/L
EDTA	10 mmol/L
葡萄糖	50 mmol/L

(3) 溶液Ⅱ的配制方法

NaOH	0.2 mol/L
SDS	1%

用 10 mol/L NaOH 和 10%SDS 贮存液配制,现用现配。

(4) 溶液Ⅲ的配制方法

5 mol/L 乙酸钾	60 mL
冰醋酸	11.5 mL
双蒸水	28.5 mL

注:以上试剂配制完成后除溶液Ⅱ外,其他试剂需在 121℃灭菌 15~20 min。

(5) TE 缓冲液的配制方法

Tris-HCl(pH 8.0)	10 mmol/L
EDTA(pH 8.0)	1 mmol/L

(6) RNase A 溶液的配制方法

将 RNase A 溶于 10 mmol/L Tris-HCl(pH 7.5)中,浓度为 10 mg/mL,100℃加热 10~30 min,除去 DNase 活性,缓慢冷却至室温,分装成小份,贮存于-20℃。

3. 材料

含 pUC19 质粒的大肠杆菌 DH5α 菌株。

【实验方法】

1. 提取质粒

①取含 pUC19 质粒的大肠杆菌 DH5α 菌液均匀涂抹于含有氨苄青霉素的 LB 固体培养基上,37℃过夜培养。

②用无菌吸头挑取单菌落到含氨苄青霉素的 10 mL LB 液体培养基中,37℃ 250 r/min

培养过夜。

③将过夜培养的菌液吸取到 1.5 mL 离心管中，于 12 000 r/min 离心 2 min，弃上清液，重复 3 次收集菌体。

④加入 250 μL 溶液Ⅰ，重悬离心后的菌块，振荡混匀（注意：应彻底打匀沉淀或碎块）。

⑤加入 250 μL 溶液Ⅱ，缓慢翻转离心管 5~10 次，室温下静置 5 min，放置至澄清。

⑥加入 350 μL 溶液Ⅲ，缓慢翻转离心管，冰上静置 10~15 min，4℃ 13 000 r/min 离心 10 min。

⑦吸取 600 μL 上清液（注意：不要吸取到飘浮的杂质）于一新的 1.5 mL 离心管中，加入等体积的异丙醇，颠倒 5~10 次，混匀，冰上放置 10 min，4℃ 13 000 r/min 室温离心 10 min，沉淀质粒 DNA，弃上清液。

⑧加 70% 乙醇浸洗除盐，13 000 r/min 离心 3 min，弃上清液。

⑨室温放置或超净台上风干 DNA。加 50 μL 灭菌超纯水或 TE 缓冲液溶解质粒 DNA。

⑩加入 1 μL RNase 酶，37℃ 放置 30 min。

⑪电泳检测质粒 DNA。

2. 限制性内切酶消化质粒 DNA

①建立下列反应体系：

质粒 DNA	1 μg
10×反应缓冲液	2 μL
Xba Ⅰ	1 μL
Hind Ⅲ	1 μL
加双蒸水至	20 μL

②800 r/min 离心 5 s，37℃ 消化 30~60 min。

注意事项：

①提取过程应尽量保持低温。

②实验用菌不能污染周围环境。

③沉淀 DNA 一般使用等体积冰异丙醇，不仅可以达到完全沉淀的目的而且速度快（在低温条件下放置时间稍长可使 DNA 沉淀效果更好）。但同时也能把盐一起沉淀下来，所以还要用 70% 乙醇浸洗除盐。

④弃上清液要彻底，可通过使用小离心机把管壁上的少量液体离心到管底，再用微量移液器吸出。

【问题与讨论】

1. 一般情况下，碱提取法的质粒在琼脂糖凝胶电泳中会出现几条带？各条带的质粒有什么不同？

2. 本实验的哪些试剂常放在 4℃ 保存？

实验 13　琼脂糖凝胶电泳

【实验目的】

1. 通过实验，学习并掌握琼脂糖凝胶电泳技术。
2. 学会运用该技术对 DNA、RNA 进行检测，以满足实验要求。
3. 熟练操作制胶、点样等实验步骤。

【实验原理】

琼脂糖凝胶电泳是分子生物学实验中常用的技术，是一种非常简便、快速分离和鉴定核酸的方法。电泳技术是指在电场作用下，由于样品中不同分子的大小、构型、带电性质的差异，使带电分子产生不同的迁移速度，从而对样品进行分离和鉴定。琼脂糖凝胶具有电泳后区带易染色、图谱清晰、分辨率高的特点，因此被作为最常用的电泳支持物。核酸作为两性电解质，在常规的电泳缓冲液中(pH 值约 8.5)带负电荷，在电场中向正极移动，如果采用适当浓度的琼脂糖凝胶介质作为电泳支持物，可使不同大小、构型的核酸分子在相同的电泳条件下迁移速度出现差异，以达到分离的目的。影响核酸分子迁移速度的主要因素有：DNA 分子的大小、琼脂糖浓度、电流强度等。此外，凝胶中的 DNA 可与荧光染料溴化乙啶(EB)结合，在紫外灯下可看到荧光条带，借此可分析实验结果。

【实验用品】

1. 仪器与耗材

电泳装置(电泳仪、水平电泳槽、梳子、制胶槽)、凝胶成像系统、微波炉、量筒、烧杯、三角瓶、称量纸、微量移液器、吸头、一次性手套。

2. 试剂

琼脂糖、DNA Marker、溴化乙啶(10 mg/mL)、50×TAE(pH 8.0)缓冲液、上样缓冲液(6×Loading buffer)等。

①50×TAE(pH 8.0)缓冲液的配制方法见附录，稀释至 1×TAE 使用。

②上样缓冲液(6×Loading buffer)的配制方法见附录。

3. 材料

质粒 pUC19 及酶切产物(制备方法见实验 12)。

【实验方法】

1. 准备胶床

将胶床放置于制胶器中，卡紧。在制胶槽一端放置好合适大小及厚度的梳子，置于一平整的桌面上，待用。

2. 制胶(1%琼脂糖凝胶)

①称取 0.2 g 琼脂糖置于三角瓶中,加入 20 mL 1×TAE 缓冲液。

②微波炉加热,反复振摇 2~3 次,使琼脂糖充分熔化(注意:不要把凝胶煮干)。

③待凝胶冷却至 60℃ 左右时,将熔化的琼脂糖凝胶小心地倒入准备好的胶床中(注意:不要产生气泡),让凝胶自然冷却至完全凝固(需要 20~30 min)。

④小心向上方拔出梳子,避免前后左右摇晃,以防破坏胶面及加样孔;将制备好的胶连同胶床一起放入电泳槽中,样品孔在阴极端。

⑤向电泳槽中加入 1×TAE 缓冲液,液面高于胶面 1~2 mm。

3. 上样电泳

①取 2 μL 上样缓冲液(6×Loading buffer)于封口膜上,加 2 μL 1×TAE 缓冲液与 2 μL 质粒或 5 μL 酶切产物,反复吹打混匀。

②枪头垂直伸入液面下胶孔中,小心上样于孔内(注意:不要捅破胶孔)。

③打开电泳仪电源,调整电压、电流,开始电泳;电泳开始以正极、负极铂金丝有气泡出现为准。

④根据指示剂迁移的位置,判断是否终止电泳。切断电源后,取出凝胶。

⑤凝胶取出后于含溴化乙啶的溶液中染色 20 min(注意:若在制胶步骤的第 4 步中倒胶前少量滴入一滴溴化乙啶溶液,本步骤则可省略)。

4. 凝胶紫外观察

将染色后的凝胶取出,置于凝胶成像系统中观察、照相、保存并记录结果(图 13-1)。

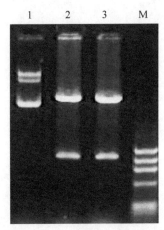

图 13-1 碱裂解法提取质粒及酶切产物检测电泳图
1. 质粒电泳条带;2 和 3. 双酶切电泳条条带;M. marker

碱裂解法抽提得到质粒样品电泳检测时,一般会得到三条带,并且是以电泳速度的快慢排序的,分别是超螺旋、开环和复制中间体(即没有复制完全的两个质粒连在一起)。质粒经双酶切后得到两条带,迁移率较质粒大。

注意事项:

①制胶和加样过程中要防止气泡的产生。

②溴化乙啶具有强诱变性,可致癌。因此,操作时必须戴手套,严格注意防护。

③加样时,枪头不宜插入样品孔太深,不要穿破胶孔壁,否则样品会渗漏或带型不整齐。

【问题与讨论】

1. 影响 DNA 片段琼脂糖凝胶电泳的因素有哪些?
2. 如果样品电泳后很久都没有跑出点样孔,是哪几方面原因导致的?

实验 14 植物基因组 DNA 的提取

【实验目的】

1. 理解植物 DNA 提取的原理。
2. 掌握植物 DNA 提取的方法。
3. 掌握 DNA 纯化的方法。

【实验原理】

DNA 是遗传信息的载体,是分子生物学研究的主要对象,因此 DNA 提取是分子生物学实验技术中最重要的基本操作。真核生物 DNA 主要存在于细胞核中,与蛋白质结合在一起,以核蛋白的形式存在。DNA 提取是植物分子生物学研究的基础技术,经过改良的 DNA 提取方法(如 CTAB 法、SDS 法等)已经在植物基因组 DNA 提取中大量应用。DNA 提取操作步骤按裂解——提取——纯化的顺序进行,在 DNA 提取过程中应做到:①保证 DNA 一级结构的完整性;②尽量排除其他大分子成分的污染(蛋白质、多糖及 RNA 等);③保证提取样品中不含对酶有抑制作用的有机溶剂及高浓度金属离子。

对于植物材料,由于存在细胞壁,因此提取时必须研磨以破碎细胞壁。植物细胞 DNase 水平低,蛋白质含量也低,其操作要点是避免植物次生代谢物质(如多酚、多糖、类黄酮等)与 DNA 共存,以保证的 DNA 酶切等操作的正常进行。针对这些特点,CTAB 法可获得较好的结果。

【实验用品】

1. 仪器与耗材

高速冷冻离心机、恒温水浴锅、电泳装置、凝胶成像系统、核酸微量定量仪、通风橱、液氮罐、移液器吸头、研钵、研棒、称量纸、容量瓶、瓷盘、一次性手套、取液器、三角瓶、量筒、离心管、金属药匙。

2. 试剂

提取缓冲液、氯仿、异戊醇、苯酚、TE 缓冲液、无水乙醇、70% 乙醇、乙酸钠、10 mg/mL 无 DNase 的 RNase 水。

(1) 1 L 提取缓冲液的配制方法

参照表 14-1 配制 1 L 提取缓冲液。

(2) 氯仿:异戊醇的配制方法

在通风橱中,把氯仿、异戊醇按 24:1 的体积比混匀。

(3) 苯酚:氯仿:异戊醇的配制方法

在通风橱中,把苯酚、氯仿、异戊醇按 25:24:1 的体积比混匀。

表 14-1　1 L 提取缓冲液的配制方法

终浓度	试剂	体积/mL 或质量/g	备注
0.1 mol/L	Tris-HCl (1 mol/L, pH 8.0)	100	
0.02 mol/L	EDTA (0.5 mol/L, pH 8.0)	40	
1.5 mol/L	NaCl (5 mol/L)	300	
2%	PVP40	20	
2%	CTAB	20	
2%	β-巯基乙醇	20	临用前加入

(4) TE 缓冲液的配制方法

取 1 mL 1 mol/L Tris-HCl (pH 8.0)、0.2 mL 0.5 mol/L EDTA, 定容至 100 mL。灭菌后置室温保存。

3. 材料

小麦叶片：将小麦种子置于培养钵中萌发，当幼苗长至 4~5 cm 时，即可收集用于实验。如要降低叶片中色素含量，可在萌发后遮光，培养黄化苗。

【实验方法】

①称取 0.1~0.2 g 幼嫩小麦叶片，放入预冷的研钵中，液氮快速、充分研磨，用洁净的金属药匙将研磨后的粉末迅速转移至 1.5 mL 离心管中，加入 65℃预热的提取缓冲液 1 mL，颠倒混匀（如粉末集中在管底，可用吸头搅动沉淀）；将溶液置于 65℃水浴中 40 min，不时轻轻转动离心管。

②加等体积氯仿：异戊醇（24:1）振荡混匀，4℃ 12 000 r/min 离心 10 min，将上清液转移至另一个离心管中，用氯仿：异丙醇再抽提一次，离心，收集上清液。

③加入 0.6 倍体积预冷的异丙醇，缓慢颠倒离心管混匀，室温静置 30 min。室温 12 000 r/min 离心 10 min，70%乙醇洗涤沉淀 1~2 次，再用无水乙醇洗涤 1 次，室温干燥沉淀。

④加 200 μL TE 缓冲液或超纯水，室温放置或轻弹离心管直至 DNA 完全溶解。

⑤加入 20 μL 无 DNase 的 RNase 水（10 mg/mL），37℃保温 1 h，用等体积的苯酚：氯仿：异戊醇（25:24:1）抽提 1~2 次，将上清液转移到另一个离心管中。

⑥加 0.1 倍体积的 3 mol/L 乙酸钠 (pH 5.2)，2 倍体积的预冷的无水乙醇，混匀后放置 5 min。缓缓水平转动离心管，此时界面处将形成一团黏稠透明的絮状沉淀。12 000 r/min 离心 10 min，沉淀 DNA。

⑦用 1 mL 70%乙醇洗涤沉淀，10 000×g 离心 10 min，弃上清液，再用 70%乙醇、无水乙醇各洗沉淀 1 次，干燥沉淀。

⑧用 50 μL TE 缓冲液或超纯水重新溶解沉淀，-20℃或-70℃贮存。

⑨检测：1%琼脂糖凝胶电泳检测。核酸微量定量仪测定 DNA 浓度，其中 A_{260}/A_{280} 应在 1.8~1.9，说明 DNA 纯度较高、无 RNA 及蛋白质污染。

如图 14-1 所示，所有样品提取 DNA 均在 5 kb 以上，说明该方法提取的基因组 DNA

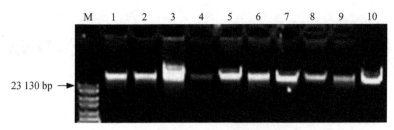

图 14-1 小麦叶片 DNA 提取电泳图
M. marker；1~10. 提取的不同样品

完整性较好；3、5、7、10 号泳道有拖尾现象，说明有蛋白质污染；4 号泳道条带较暗，说明提取 DNA 的量较少，可能是取样量不足、研磨不充分或样品裂解不充分所致。

注意事项：

①尽量使用新鲜样品或液氮速冻于 −80℃ 保存的样品，以防止 DNA 降解。

②样品的研磨必须充分，且整个过程完全在液氮存在的条件下完成，以保证组织充分破碎和 DNA 的完整性。

③提取缓冲液要预热，以抑制 DNase，加速蛋白变性，且要保证提取液与样品充分混匀。

④各操作步骤要轻柔，减少机械剪切力对 DNA 的损伤。异丙醇、乙醇、乙酸钠等要预冷，以减少 DNA 的降解，促进 DNA 与蛋白质等的分相及 DNA 沉淀。

⑤所有试剂均用高压灭菌的超纯水配制。

【问题与讨论】

1. 如果提取的基因组 DNA 有降解，可能的原因是什么？如何解决？
2. DNA 纯化应达到怎样的要求？如何去除蛋白质、多糖、多酚等杂质的污染？

实验 15　植物总 RNA 的提取及 cDNA 第一链合成技术

【实验目的】

1. 理解总 RNA 提取的原理。
2. 掌握植物总 RNA 提取的方法及反转录技术。
3. 掌握 RNase 的抑制及抑制剂的使用。

【实验原理】

植物组织总 RNA 的提取是植物分子生物学研究的必要手段。高质量的 RNA 可进行 RT-PCR、Northern 杂交分析、基因克隆、cDNA 文库构建和转录组测序等后续实验。但植物组织中所含有的 RNase、多糖、次级代谢物、酚类化合物和蛋白质在细胞破碎前互不影响，在细胞破碎后则与 RNA 相互作用导致 RNA 降解、丢失或后续酶促反应的失败。不同植物组织中的蛋白质、多糖、酚类、脂类等成分含量有较大差异，因此从不同材料中提取 RNA 的难度不同，适宜的 RNA 提取方法也不尽相同。

经过多年经验总结，我们推荐使用改良热硼酸法提取植物总 RNA。抽提缓冲液中的 SDS 是一种强阴离子去垢剂，可以使蛋白质变性，提取过程中加入蛋白酶 K 可以将 RNase 酶和其他蛋白质降解；还原剂 NP-40 和 DTT（二硫苏糖醇）可以抑制 RNase 活性，阻止酚类物质氧化。氯化锂是强脱水剂，可降低 RNA 溶解度，并剥离染色质上的蛋白质。高浓度氯化锂可以将蛋白质与 RNA 分开，通过离心获得纯度较高的总 RNA，尤其是针对次生代谢物质较多的植物组织，该方法效果较好。

经上述方法获得的 RNA，即可进入 cDNA 第一链合成，即反转录 PCR 反应（reverse transaction PCR, RT-PCR）。目前，利用 RT-PCR 技术分离目的基因是基因操作中最有效的途径，RT-PCR 扩增产物经纯化、回收、与载体重组克隆，即可实现基因的分离。

【实验用品】

1. 仪器与耗材

超低温冰箱、高速冷冻离心机、核酸微量定量仪、液氮罐、电泳设备、凝胶成像仪、PCR 仪、陶瓷研钵、金属药匙、移液器、PCR 管、离心管、耐高温试剂瓶、量筒、一次性手套。

2. 试剂

RNA 提取缓冲液、DTT 贮备液（1 mol/L）、蛋白酶 K 贮备液（20 mg/mL）、KCl（2 mol/L, pH 5.5）、LiCl（2 mol/L）、Tris-HCl（10 mmol/L, pH 7.5）、KAc（2 mg/L）、无水乙醇、70%乙醇、无 RNase 的 DNaseⅠ、氯仿、MMLV 反转录酶、dNTP 混合溶液（各 10 mmol/L）、

RNase 抑制剂(选用)、寡核苷酸引物[Oligo(dT)或随机引物]、无 RNase 水。

RNA 提取缓冲液内含 200 mmol/L 硼酸钠·10H$_2$O、25 mmol/L EDTA、1% SDS、1% 脱氧胆酸钠、2% PVP、0.5% Nonidet-40(NP-40,pH 9.0)(注意：所有仪器耗材试剂均需先进行无 RNase 处理)。

3. 材料
小麦幼嫩叶片和花组织。

【实验方法】

1. 小麦叶片总 RNA 提取

① 将 0.1 g 叶片或花组织放入预冷的陶瓷研钵中，液氮研磨，将粉状的组织用预冷的金属药匙舀入 1.5 mL 离心管中，加入 1 mL 预热至 80℃ 的提取缓冲液，同时加入 10 μL DTT 贮备液和 40 μL 蛋白酶 K 贮备液。

② 42℃ 摇床中 100 r/min 温和混匀 1.5 h，加入 80 μL KCl，冰上放置 1 h。

③ 12 000 r/min 离心 20 min，取约 900 μL 上清液，加入 1/3 体积的 10 mol/L LiCl，上下颠倒混匀，4℃ 过夜(至少 8 h)。

④ 12 000 r/min 离心 20 min，弃掉上清液，沉淀用 2 mol/L LiCl(预冷)洗 2~3 次，直至上清液为无色。

⑤ 加入 400 μL 10 mmol/L Tris-HCl(pH 7.5) 溶解沉淀，加入等体积氯仿，混匀后 12 000 r/min 离心 10 min，将上清液转移到另外一个新的离心管中。

⑥ 加入 1/10 体积 2 mol/L KAc，颠倒混匀，冰上冷却至 0℃。

⑦ 15 000 r/min 离心 10 min，转移 300 μL 上清液(注意：不要吸到管底杂质)。

⑧ 加入 750 μL 预冷无水乙醇，-70℃ 冷冻 1 h。15 000 r/min 离心 10 min。

⑨ 依次用预冷的 70% 乙醇、无水乙醇洗涤 RNA 沉淀各一次，12 000 r/min 离心 5 min，弃掉上清液。

⑩ 放置于超净台中自然风干 5 min，100 μL 无 RNase 水溶解沉淀。

⑪ 加入 10 U DNase I 于 37℃ 恒温培养箱中消化 30 min。

⑫ 加入等体积的氯仿，混匀后 12 000 r/min 离心 10 min。

⑬ 取适量上清液，超低温冰箱保存或直接进行后续实验。

2. cDNA 第一链合成(用于 PCR 反应)

① 配制 RT 反应体系

RNA 模板(注意：RNA 样品不能含有基因组 DNA 污染)

总 RNA	100~500 ng
或 poly(A) mRNA	10~500 ng

引物

Oligo (dT)18(0.5 μg/μL)或随机引物(0.2 μg/μL)	1 μL
无 RNase 水	补水至 12 μL

严格按以下顺序加入各成分：

5×RT 缓冲液	4 μL

| RNase 抑制剂(40 U/μL) | 1 μL |
| dNTP 混合溶液（各 10 mmol/L） | 2 μL |

②37℃保温 5 min。对富含二级结构的高 GC RNA 模板，需 45℃保温 5 min。如果使用随机引物，则需 25℃ 5 min。

③加入 1 μL(200 U) 的 MMLV 逆转录酶(注意：使用前必须短暂离心，因其含有 50% 甘油极其黏稠，否则将取不到所需体积)，反应终体积为 20 μL。

④42℃反应 60 min（如果使用随机引物，需要先 25℃反应 10 min，然后 42℃反应 60 min），此步为 RT 反应（可在 PCR 仪上完成操作）。

⑤70℃保温 10 min 以终止反应，然后放置于冰上待用。合成的 cDNA 可直接作为 PCR 模板使用，不需要纯化。

【实验结果】

1. RNA 浓度的计算

取 RNA 样品 1 μL，核酸微量定量仪测定 RNA 浓度，按 1 OD_{260} 的 RNA 浓度是 40 μg/mL 为基准量计算。

需要检测 OD_{260}/OD_{280}，最好在 1.8~2.2。

$$RNA \ 浓度 = OD_{260} \times 稀释倍数 \times 40 \ \mu g/mL$$

2. RNA 完整性检测

RNA 完整性可通过 1.5% 琼脂糖电泳快速检测（110 V，20~30 min）。RNA 样品电泳后，可见 28S、18S 及 5S 小分子 RNA 条带，且 28S 和 18S RNA 条带宽度比值约为 2∶1（图 15-1），则说明提取 RNA 完整性好，无降解。

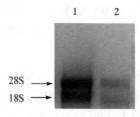

图 15-1　热硼酸法提取小麦叶和花组织 RNA
1. 叶；2. 花

注意事项：

①所提取的样品必须新鲜；低温保存样品要经过液氮速冻，-70℃保存。

②研钵、量筒、药匙、试剂瓶等玻璃制品均用锡纸包裹口部，置于烤箱内，180℃烤 6 h，冷却备用。

③离心管、枪头等塑料制品用 0.1% DEPC 水（或蛋白酶 K 水）浸泡 12 h 以上，121℃高压蒸汽灭菌 20 min。

④电泳槽及制胶槽、梳子用 0.4 mol/L NaOH 浸泡处理 30 min。

⑤操作过程戴一次性口罩、帽子、手套，实验过程中手套要勤换，避免 RNase 对 RNA 的降解。

⑥设置专门 RNA 操作区，实验台在使用前用 0.4 mol/L NaOH 擦拭。

⑦所用试剂，如乙醇、氯仿等，最好为新开封或 RNA 专用试剂；配制药品，包括稀释电泳缓冲液所用水为无 RNase 水。

⑧所有操作应该在 15~30℃ 的条件下完成。

【问题与讨论】

1. 在 RNA 提取过程中如何抑制 RNase 活性？
2. 如果在电泳检测中发现 5S 条带明显比 18S 和 28S 条带明显，说明什么？

实验 16　PCR 扩增目的 DNA 片段

【实验目的】

1. 理解 PCR 技术的原理。
2. 掌握 PCR 反应体系的配制方法。
3. 掌握 PCR 仪的使用方法。

【实验原理】

聚合酶链式反应(polymerase chain reaction，PCR)，是美国科学家 K. B. Mullis 于 1983 年发明的一种在体外模拟体内 DNA 复制基本过程，将微量目的基因或某一特定 DNA 片段扩增数十万倍，乃至千万倍的方法，又称基因体外扩增法。目前，PCR 技术广泛应用于遗传性疾病诊断、传染病病原体检测、法医学、考古学和分子生物学相关的各个领域，已成为生物学研究的基本实验技术。

PCR 技术快速敏感，操作简单，其特异性源于与靶序列两端互补的寡核苷酸引物。PCR 反应涉及多次重复进行的温度循环周期，每一个温度循环由高温变性——低温退火——适温延伸三个基本反应步骤构成：①模板 DNA 的变性：模板 DNA 经加热(>91℃)1 min 左右，使双链 DNA 发生变性成为单链；②模板 DNA 与引物的退火(复性)：降低反应温度(约 50℃)1 min，使专门设计的引物与两条单链 DNA 模板的互补序列配对结合；③模板 DNA 的延伸：在耐高温 DNA 聚合酶的作用下，以 dNTPs 为底物，从引物的 3′端开始掺入，沿模板分子按 5′→3′的方向，以半保留复制的方式进行体外延伸。重复上述循环 30 次，理论上可以使靶序列得到 10^9 的扩增(图 16-1)。

影响 PCR 反应的因素有很多，归结起来主要有 5 个，分别是：模板 DNA、引物、扩增缓冲液(含 Mg^{2+})、DNA 聚合酶和底物(dNTPs)，称为 PCR 反应的五要素。

(1) 模板 DNA

保证模板 DNA 纯度，即在 DNA 提取过程中尽量去除可能对酶产生抑制的有机或无机溶液，如 SDS、氯仿、乙醇等；DNA 起始浓度一般在 50~1 000 ng/μL，DNA 起始浓度过小，则应适当增加循环次数；DNA 起始浓度过大，则会抑制 PCR 循环。

(2) 引物

引物是 PCR 反应特异性的关键因素，要遵循引物设计原则，利用引物设计软件进行设计。

引物设计原则：

①引物长度：15~30 bp，常用为 20 bp 左右。

②碱基分布：G+C 含量在 40%~60%，上下游引物之间 GC 含量差不超过 5%，以保证合适的退火温度；ATGC 随机分布，避免 5 个以上的嘌呤或嘧啶碱基成串排列。

③引物的特异性：引物应与核酸序列数据库的其他序列无明显同源性。

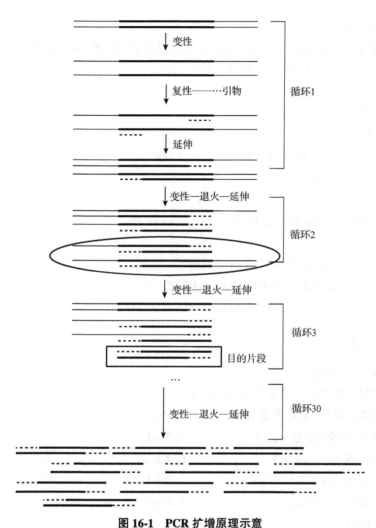

图 16-1 PCR 扩增原理示意

━━━ 表示目的基因片段；┈┈ 表示引物序列；════ 表示扩增获得的目的片段

④避免引物内部出现二级结构，同时避免两条引物间互补，产生非特异的扩增条带。

⑤引物 3′端碱基，特别是最末及倒数第二个碱基，应严格配对，以避免因末端碱基不配对而导致 PCR 失败。

⑥如有可能，在引物中加上限制性内切酶酶切位点，这样扩增的靶序列将引入适宜的酶切位点，这对后续的克隆十分有帮助。

(3) 扩增缓冲液 (含 Mg^{2+})

为 PCR 反应提供良好的反应环境，其中 Mg^{2+} 作为 DNA 聚合酶活性中心，对酶的活性有较大影响。Mg^{2+} 浓度过高，会降低反应特异性，出现非特异扩增；Mg^{2+} 浓度过低，会降低反应效率。一般 Mg^{2+} 浓度在 1.5~2.0 mmol/L 为宜。

(4) DNA 聚合酶

常用的耐高温 DNA 聚合酶有 *Taq* 酶和 *Pfu* 酶，其中 *Taq* 酶扩增效率高但易发生错配，*Pfu* 酶扩增效率低但有纠错功能，可根据实际需要选择。催化一个典型的 PCR 反应需酶量 1~2 U，浓度过高易造成非特异性扩增；浓度过低则合成产物量减少。

(5) 底物(dNTPs)

4种底物等摩尔配制的混合物是PCR反应中最易降解的组分,购买回来应尽快分装,避免反复冻融,反应体系中终浓度为50~200 μmol/L。

【实验用品】

1. 仪器与耗材

PCR仪、冰箱、台式离心机、移液器(1~1 000 μL)、电泳仪、电泳槽、凝胶成像系统、一次性PE手套、PCR管、吸头。

2. 试剂

Taq DNA聚合酶、dNTPs、超纯水、DNA marker等。

3. 材料

小麦Histone 1($TaH\ 1$)基因,引物序列如下:

引物1(sense):5′-CCCGTCCTACGCCGAGAT-3′

引物2(anti-sense):5′-CCGACAAGACCGAACAG-3′

【实验方法】

1. 模板DNA的获得

提取小麦基因组DNA,方法参见实验14。

2. 在冰上建立以下PCR反应体系

10×扩增缓冲液(无 Mg^{2+})	2.0 μL
dNTPs(各 10 mmol/L)	0.4 μL
引物1(10 μmol/L)	1.0 μL
引物2(10 μmol/L)	1.0 μL
模板DNA	0.1 μg
Taq DNA聚合酶(5 U/μL)	0.2 μL
Mg^{2+}(25 mmol/L)	1.2 μL
超纯水	14.1 μL
总体积	20 μL

同时建立不加模板的阴性对照反应体系,以保证体系的可靠性。

将上述试剂在PCR管中仔细混匀,尽量避免产生气泡,置于离心机上离心片刻。

3. PCR反应程序(表16-1)

表16-1　PCR反应程序

程序	温度/℃	时间
第一步	95	5 min
第二步 (30个循环)	94	1 min
	55	30~60s
	72	2 min
第三步	72	10 min

将样品置于 PCR 仪上进行扩增。

4. 琼脂糖凝胶电泳分析

反应完成后，取 5~10 μL PCR 产物（加入 2 μL 6×上样缓冲液）进行 1%琼脂糖凝胶电泳分析。剩余样品置于-20℃冻存，以备进一步分析使用。

【实验结果】

经过电泳检测，PCR 结果如图 16-2 所示。

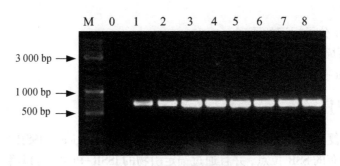

图 16-2　小麦 *TaH 1* 基因扩增

M. DNA marker；0. 阴性对照；1~8. PCR 扩增产物（长度约为 650 bp）

如图 16-2 所示，PCR 产物经电泳检测条带单一稳定，为特异性扩增；条带亮度之间有差异，这是由模板起始量不同或扩增效率差异造成的，应在实验中注意操作手法，以保证扩增的稳定性。

注意事项：

①防止 PCR 污染：PCR 是一个极其灵敏的反应，建议建立一个专用 PCR 实验室，并定期用 75%乙醇擦拭实验台，紫外线照射实验室以保证环境无 DNA 污染。

②所使用的溶液无外源核酸和核酸酶污染。配制试剂、建立反应体系所使用的耗材均应灭菌，且应戴一次性手套进行操作。

③所有 PCR 试剂中使用的水都应用新鲜超纯水，高压灭菌后分装备用。

【问题与讨论】

1. 决定 PCR 反应特异性的关键因素是什么？
2. 阐述 PCR 的基本原理。

实验 17 非变性聚丙烯酰胺凝胶电泳用于 ISSR 标记分析

【实验目的】

1. 理解 ISSR 分子标记的原理。
2. 掌握聚丙烯酰胺凝胶的配制方法。
3. 掌握 ISSR 分子标记的分析方法。

【实验原理】

简单序列重复区间扩增多态性(inter-simple sequence repeat，ISSR)是基于真核生物基因组中广泛分布的 SSR 位点，并且通过锚定引物的 ISSR-PCR，可以稳定检测基因组 SSR 位点差异的一种新型分子标记技术，该标记由 Zietkeiwitcz 等于 1994 年提出。其操作过程同普通 PCR 一样，只不过在引物设计上有些差别：利用 SSR 序列的 3′端或 5′端加上 2~4 个随机核苷酸为锚定引物，利用上下游引物与特定位点退火，对 SSR 重复序列间隔的序列间 DNA 片段进行 PCR 扩增。获得的 inter SSR 区域多个条带通过聚丙烯酰胺凝胶电泳分离，扩增谱带多为显性表现。ISSR 扩增产物多态性远比限制性片段长度多态性(restriction fragment length polymorphism，RFLP)、简单序列重复(simple sequence repeat，SSR)、随机扩增多态性 DNA(random amplification polymorphism DNA，RAPD)丰富，可以提供更多的关于基因组的信息，而且比 RAPD 技术更加稳定可靠，实验重复性更好。

1959 年，Raymond 和 Weintraub 首次将聚丙烯酰胺交联链作为电泳支持物，称为 PAGE(polyacrylamide gel electrophoresis)凝胶电泳。PAGE 凝胶是由丙烯酰胺(CH_2=$CHCONH_2$，acrylamide)单体和甲叉双丙烯酰胺[(CH_2=$CHCONH)_2CH_2$]按一定比例聚合形成三维网状结构，这一过程需要有化学物质催化完成。在由 TEMED(N,N,N',N'-四甲基乙二胺)催化过硫酸铵产生自由基的条件下，丙烯酰胺单体和甲叉双丙烯酰胺的乙烯基聚合形成聚丙烯酰胺，其孔径大小呈正态分布。不同浓度丙烯酰胺凝胶的制备与线性 DNA 在凝胶中的有效分离范围见表 17-1 所列。

表 17-1 不同浓度聚丙烯酰胺凝胶的制备与 DNA 在凝胶中有效分离范围

丙烯酰胺浓度/%	丙烯酰胺：甲叉双丙烯酰胺(29：1)/mL	水/mL	5×TBE 缓冲液	10%过硫酸铵/mL	DNA 有效分离范围/bp
3.5	11.6	67.7	20.0	0.7	1 000~2 000
5.0	16.6	62.7	20.0	0.7	80~500
8.0	26.6	52.7	20.0	0.7	60~400
12.0	40.0	39.3	20.0	0.7	40~200
20.0	66.6	12.7	20.0	0.7	6~100

PAGE 凝胶电泳基本操作过程可概括为：试剂配制—安装电泳装置—配制凝胶溶液—灌胶—上样与电泳—显色—条带统计。与琼脂糖凝胶电泳相比，PAGE 凝胶电泳主要有三个优点：①分辨率高，可分开长度差异 1~10 bp 的 DNA 序列；②DNA 装载量大，即使多达 10 μg 的 DNA 仍可加入一个标准样孔中；③PAGE 凝胶 DNA 回收效率较高，可直接用于下游实验。

【实验用品】

1. 仪器与耗材

PCR 仪、垂直板电泳槽和电泳仪、凝胶成像设备、电子天平、小型摇床、微量移液器、磁力搅拌器、pH 计，烧杯、量筒、玻璃棒、吸头、塑料盘、铁皮夹子、注射器、一次性 PE 手套。

2. 试剂

5×TBE 缓冲液、丙烯酰胺、甲叉双丙烯酰胺、过硫酸铵、染色液、显影液。

① 5×TBE 缓冲液的配制方法：见附表 1。

② 8%非变性聚丙烯酰胺工作液(29∶1)的配制方法：19.285 g 丙烯酰胺，0.665 g 甲叉双丙烯酰胺，50 mL 5×TBE 缓冲液，混合上述成分，定容至 250 mL。

③10%过硫酸铵的配制方法：2 g 过硫酸铵，18 mL 双蒸水，混匀待用。

④染色液的配制方法(使用前 30 min 配制)：在 500 mL 双蒸水中加入 0.5 g 硝酸银和 37%甲醛 1 mL，充分溶解后使用。

⑤显影液的配制方法：500 mL 双蒸水中加入 15 g 氢氧化钠，0.2 g 无水碳酸钠；使用前加入 37%甲醛 1 mL。

【实验方法】

1. 提取枣树基因组 DNA

方法参考实验 14。

2. ISSR-PCR 扩增

①配制以下反应体系：

模板 DNA (20 ng/μL)	1 μL
10×扩增缓冲液	2 μL
$MgCl_2$(25 mmol/L)	1.2 μL
dNTPs (2.5 mmol/L)	1.6 μL
引物(表 17-2)	2 μL
Taq DNA 聚合酶(2.5 U/μL)	0.5 μL
双蒸水	1.7 μL
总体积	20 μL

②ISSR-PCR 反应程序(表 17-3)。

表 17-2　实验中使用的 ISSR 引物

编号	引物	序列	T_m/℃
1	827	$(AC)_8G$	54
2	834	$(AG)_8YT$	53
3	836	$(AG)_8YA$	53
4	840	$(GA)_8YT$	56
5	856	$(AC)_8YA$	53
6	873	$(GA)_8C$	51
7	880	GGAGAGGAGAGGAGA	53
8	891	HVHTGTGTGTGTGTG	52

表 17-3　ISSR-PCR 反应程序

程序	温度/℃	时间
第一步	94	4 min
第二步 (30 个循环)	94 52 72	30 s 30 s 45 s
第三步	72	5 min

3. 制备聚丙烯酰胺凝胶

①用强力去污粉或洗涤剂在热水中反复擦洗玻璃，再用乙醇擦洗玻璃板 3 次，最后用吸水纸擦干或风干玻璃板。

②组装玻璃板(平板在下，凹形耳朵板在上)，中间压入 1 mm 或 1.5 mm 压条，两边用铁皮夹子夹紧，水平放置于一固体平面上。

③在通风橱内的烧杯中混合好以下溶液：50 mL 8%非变性聚丙烯酰胺工作液、25 μL TEMED、350 μL 10%过硫酸铵，迅速轻轻摇匀。用一次性注射器抽取混匀凝胶，右手轻推注射器，将凝胶注入玻璃凹槽内，左手不断轻敲玻璃板，防止气泡产生。灌完后插入合适厚度的梳子，室温平放 1 h 以上使凝胶完全聚合(如室温过低则要延长聚合时间)。

④在电泳槽中各加入 1×TBE 缓冲液，将灌制好的胶板用大号铁皮夹子夹住其边缘与电泳槽固定。缓缓拔掉梳子，用注射器吸取 1×TBE 缓冲液，清除点样孔中的气泡及碎胶。

⑤预电泳 0.5 h，待凝胶表面均匀发热后即可停止，待凝胶冷却后上样。

4. 上样及电泳

每个点样孔内加入 2 μL PCR 产物和 2 μL 上样缓冲液。200 V 恒压条件下电泳 2 h(如凝胶发热较多，可挂置冰盒以防止凝胶过热对 DNA 的影响)。

5. 染色及显影

①卸下凝胶，放入塑料盘中，用蒸馏水冲洗 2 次(注意：不要弄破凝胶)。

②加入染色液，摇床上缓慢摇动约 30 min。

③回收染色液，用蒸馏水冲洗凝胶。

④加入显影液,约 5 min,出现清晰条带,蒸馏水清洗后,倒掉显影液。
⑤白光灯下照相,进行条带统计。

【实验结果】

经过电泳检测,ISSR 标记结果如图 17-1 所示。

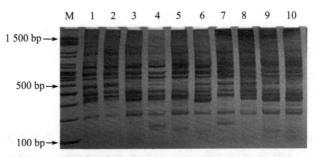

图 17-1　聚丙烯酰胺凝胶电泳检测 ISSR 标记(引物 880)
M. marker(100 bp);1~10. 不同枣树品种

注意事项:
①玻璃板必须清洁干净,确保无油渍。
②配制凝胶时应戴一次性手套。
③过硫酸铵放置时间不宜过长,最好现用现配。
④PAGE 凝胶凝固过程中如发现凝胶皱缩,应及时补充丙烯酰胺:甲叉双丙烯酰胺溶液。
⑤为防止胶板底部有凝胶漏出,可事先用胶带封闭底部。

【问题与讨论】

1. 如何通过 ISSR 分析阐述物种亲缘关系?
2. 简述 PAGE 凝胶制备过程并说明制备的技术要点。

实验 18 PCR 扩增产物的克隆技术

【实验目的】

1. 理解 T-A 克隆原理。
2. 掌握 T-A 克隆技术操作过程。

【实验原理】

PCR 反应、基因克隆及 DNA 序列分析这三位一体的实验是整个现代分子生物学研究的基础。我们利用 PCR 技术扩增特异 DNA 以期获得目的基因和特异探针。但 PCR 扩增出的片段如不经过进一步克隆是无法变成可利用基因的，因此 PCR 产物克隆技术已成为 DNA 重组技术的重要部分。PCR 产物克隆一般要经过 PCR 产物纯化、产物与载体的酶切、载体脱磷酸及连接、转化、筛选等几个步骤。PCR 产物与载体的连接方式有溶液连接和胶内连接，可黏性末端连接、平末端连接及与 T-载体连接（图 18-1）。

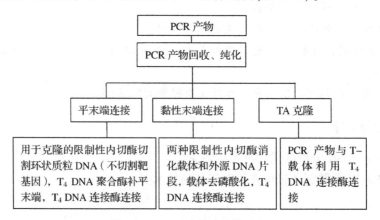

图 18-1 PCR 产物连接策略图

PCR 扩增产物的回收是指在 PCR 反应完成后，将 PCR 产物经过琼脂糖凝胶电泳分离，所获得的目的片段从凝胶中再次分离并纯化的技术。目前，市场上已有成熟的商品化试剂盒，整个操作在 0.5 h 即可完成。概括起来，凝胶回收步骤可分为四步：①用锋利的刀片小心切下目的条带；②用溶胶液熔化凝胶；③离心柱回收 DNA；④纯化回收 DNA，去除盐离子等杂质。回收的 DNA 即可用于连接、测序、酶切和 PCR 反应等，下面将介绍 PCR 产物经回收后的 TA 克隆技术。

由于 *Taq* DNA 聚合酶会在 PCR 扩增产物 3′端带有一个 A 碱基，这类 DNA 片段能高效地克隆到 T-载体上，由于 TA 克隆不需对引物进行特殊酶切位点的修饰且克隆效率高，成为 PCR 产物克隆的最佳方法。通用 T-载体有商品出售，一些特殊要求的 T-载体可自己制备。T-载体均是通过 *Eco*R V 或 *Sma*I 等限制性内切酶将相关载体切割出平末端，然后在其

3′端加上 T 而构成。这些存在于插入位点的突出的 3′末端可防止载体的自身环化,并为 PCR 产物提供碱基配对区(因 PCR 扩增产物的 3′末端为非特异性的 A 碱基)而有效地提高了 PCR 扩增片段的克隆效率。

本实验利用 pGEM-T(easy)载体学习 T-载体克隆技术,载体图谱如图 18-2 所示。pGEM-T(easy)载体来自 pGEM 系统载体,含有 T_7 和 SP6 RNA 聚合酶启动子;侧翼为一多克隆位点区,含有 β-半乳糖苷酶 α-肽编码区。该载体系多克隆位点两侧都存在 EcoR Ⅰ、BstZ Ⅰ 和 Not Ⅰ 限制性内切酶酶切位点,因此可通过这三类酶利用单酶切位点构建重组片段。外源 DNA 的转化及重组子的筛选,可以利用酶切、菌落 PCR、抽提质粒等方法检测,其原理分别在实验 11、实验 12 中有详细介绍,这里不再赘述。

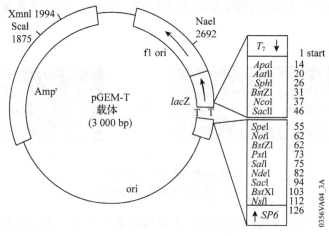

图 18-2　pGEM-T(easy)载体图谱

【实验用品】

1. 仪器与耗材

高速冷冻离心机、紫外凝胶成像仪、恒温水浴锅、核酸微量定量仪、移液器、低温连接仪、制冰机、超低温冰箱、电泳设备、吸头、离心管。

2. 试剂

琼脂糖凝胶回收试剂盒、pGEM-T(easy)载体、LB 培养基(含有氨苄青霉素/IPTG/X-gal)、感受态细胞。

3. 材料

PCR 扩增产物。

【实验方法】

1. PCR 产物的回收

①将 PCR 产物进行 1% 琼脂糖凝胶电泳。

②在紫外灯下用干净锋利的刀片切去含有目的条带的琼脂糖凝胶,将其转移至新的 1.5 mL 离心管中,并称取管中凝胶质量。

③加入约凝胶 3 倍体积(100 mg 凝胶约 100 μL)的溶胶液至离心管中,置 55~60℃恒

温水浴锅中直至凝胶完全熔化(期间不断轻轻摇动离心管)。

④待凝胶溶液冷却至室温后,将混合液加到套在 2 mL 离心管的回收柱上,室温 10 000 r/min 离心 1 min。

⑤倒去滤液,将回收柱重新装回离心管,加入 700 μL 漂洗液(用前加入无水乙醇稀释),10 000 r/min 离心 1 min,弃去滤液。重复此步骤一次。

⑥将回收柱重新装回离心管,10 000 r/min 离心空柱 2 min 以甩干基质。

⑦将回收柱装到一干净的 1.5 mL 离心管中,悬空加入 30~50 μL 预热到 65℃的洗脱液(注意:不可捅破回收柱内硅基质膜),室温静置 2 min,13 000 r/min 离心 2 min 洗脱 DNA。

⑧将回收样品进行 1%琼脂糖凝胶电泳检测(图 18-3),核酸微量定量仪检测回收 DNA 浓度。

⑨实验结果分析。

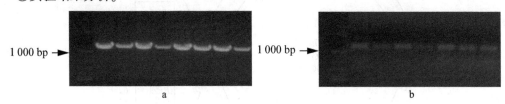

图 18-3　琼脂糖凝胶电泳
a. PCR 产物　b. 琼脂糖凝胶回收

从图 18-3 可以看出,回收后的 DNA 条带与之前的大小一致,说明本实验能够回收 PCR 产物。但回收后的 DNA 条带明显比回收前暗,说明在回收过程中存在一定损失,但总体来说回收效率在能够接受的范围内。

2. TA 克隆

①在 PCR 管中配制下列连接混合液:

  pGEM-T (easy)载体　　　　　1 μL
  待插入的 DNA 片段　　　　　0.1~0.3 pmol
  10×连接缓冲液　　　　　　　1 μL
  T_4 DNA 连接酶　　　　　　　3 U
  双蒸水补足至　　　　　　　　10 μL

注意:设立阴性对照管,加入除待插入 DNA 片段(可用双蒸水代替)之外所有组分。

②上述混合液于 14~16℃条件下温育 4~6 h(2 kb 以上长片段 PCR 产物进行克隆时,连接反应时间可延长至 8~10 h)。

③将上述连接液(包括目的片段连接液和阴性对照)各取 5 μL 转化具有抗生素抗性的大肠杆菌感受态细胞。将转化的菌液涂布在含有抗生素和 IPTG/X-gal 的培养基平皿上,倒置培养 12 h。

④数出实验组和对照组在平皿上的菌落数。挑取生长饱满、边缘光滑的白色大肠杆菌单菌落,进行插入片段鉴定。

3. 插入片段的鉴定

①抽提质粒,根据电泳片段大小判断是否有插入片段(选择合适 DNA marker)。如空

载 T-载体为 3 kb，重组质粒大小为载体大小+插入片段大小，根据迁移率进行判断。

②利用质粒多克隆位点内插入外源 DNA 片段侧翼的酶切位点，进行酶切鉴定。电泳检测结果显示为两条带，其中一条大小与插入片段一致，则可断定 DNA 已插入质粒载体。

③菌落 PCR 鉴定：挑取白色单菌落，溶于 10 μL 灭菌水中，混合均匀，取 1 μL 作为 PCR 反应模板。配制以下反应体系：

10× PCR 扩增缓冲液	2 μL
dNTPs(各 2.5 mmol/L)	1.6 μL
菌落模板	1 μL
引物 1	1 μL
引物 2	1 μL
补足双蒸水至	20 μL

经琼脂糖凝胶电泳检测，若扩增片段长度与插入片段一致，则可判断 DNA 已插入载体，形成重组质粒。

注意事项：

①用于回收的琼脂糖凝胶最好为新鲜配制的 TAE 缓冲液(一般不推荐使用 TBE 缓冲液)。

②紫外线对人体有伤害，切胶回收操作时应佩戴手套及护目镜。

③DNA 回收时应尽量减少在紫外线下照射时间，以免造成 DNA 损伤。

④切胶回收时在保证条带充分切出的前提下，凝胶尽量少切，以免带出杂带。

【问题与讨论】

1. 如何进行重组质粒的鉴定？
2. PCR 产物克隆策略有哪些？

实验 19　拟南芥转化技术

【实验目的】

1. 学习真核生物的转基因技术及农杆菌介导的转化原理。
2. 掌握农杆菌介导转化拟南芥的实验方法。
3. 了解拟南芥的生理特点及在基因工程实验中的应用。

【实验原理】

根癌农杆菌细胞含有 Ti 质粒（图 19-1），其上有一段 T-DNA，在 Vir 区（virulence region）基因产物的介导下可以插入到植物基因组中，诱导在宿主植物中瘤状物的形成。因此，将外源目的基因插入到 T-DNA 中，借助 Ti 质粒的功能，使目的基因转移到宿主植物中并进一步整合、表达。采用的植物双元表达载体系统主要包括两个部分：一部分是卸甲 Ti 质粒，这类 Ti 质粒由于缺失了 T-DNA 区域，完全丧失了致瘤作用，主要是提供 Vir 基因功能，激活处于反式位置上的 T-DNA 的转移；另一部分是微型 Ti 质粒，它在 T-DNA 左右边界序列之间提供植株选择标记，如 *LacZ* 基因等。双元载体系统的转化原理是 Ti 质粒上的 *Vir* 基因可以反式激活 T-DNA 的转移。植物双元表达载体 pCAMBIA3301 如图 19-2 所示。

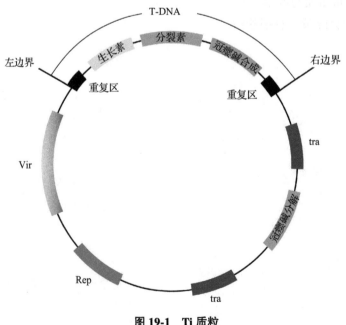

图 19-1　Ti 质粒

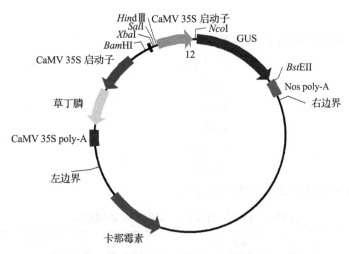

图 19-2 植物双元表达载体 pCAMBIA3301

【实验用品】

1. 仪器与耗材

高速冷冻离心机、摇床、制冰机、紫外分光光度计、pH 计、超净工作台、PCR 仪、电泳仪、凝胶成像系统、液氮等。

2. 试剂

YEB 液体和固体培养基、卡那霉素（Kan）、利福平（Rif）、MS 培养基（5% 蔗糖）、0.02% SilwetL-77、双元表达载体 pCAMBIA3301、农杆菌 GV3101 感受态细胞、除草剂（PPT）。

3. 材料

盛花期的拟南芥。

【实验方法】

1. 农杆菌 GV30101 的转化

①取-70℃保存的农杆菌 GV3101 感受态细胞于冰水浴中融化，无菌条件下加入 1 μg pCAMBIA3301 质粒。

②混匀后在冰上反应 5 min，迅速在液氮中冷冻 5 min，然后 37℃ 热激 5 min，再迅速转移至冰上 2~5 min。

③加入 800 μL YEB 液体培养基（无抗生素）中，28℃ 振荡培养 3~4 h，使菌液活化，5 000 r/min 离心 5 min，留 100 μL 左右上清液轻轻吹打重悬菌体。

④取适量菌液涂在含有 20 mg/L 利福平和 50 mg/L 卡那霉素的 YEB 固体培养基上，28℃ 恒温箱中倒置培养 48~72 h。

2. 农杆菌菌液 PCR 鉴定阳性转化克隆

①挑取平板上的单克隆于装有 100 mg/L 利福平和 50 mg/L 卡那霉素的 YEB 液体培养基的小管中，28℃ 200 r/min 振荡培养 3~4 h，分别用于目的基因和抗除草剂标记基因的

菌液 PCR。

目的基因和 *Bar* 基因 PCR 扩增体系：

LaTaq	12.5 μL
引物 1	1 μL
引物 2	1 μL
菌液	1 μL
双蒸水	9.5 μL
总体积	25 μL

目的基因和 *Bar* 基因 PCR 扩增程序(表 19-1)：

表 19-1　目的基因和 *Bar* 基因 PCR 扩增程序

程序	温度/℃	时间
第一步	95	5 min
第二步 (35 个循环)	95 60 72	20 s 20 s 30 s
第三步	72	10 min

②制备 1%琼脂糖凝胶，电泳检测农杆菌菌液 PCR 产物；将凝胶取出置于凝胶成像系统中观察、照相、保存并记录结果(图 19-3)。

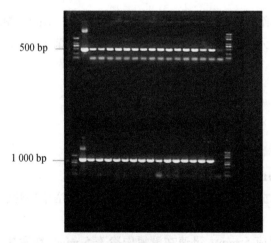

图 19-3　*Bar* 基因和目的基因(*Zma 004844*) PCR 扩增

3. 蘸花法转化野生型拟南芥

①将在 MS 培养基上生长约 5 d 大的野生型拟南芥转移到蛭石和营养土中生长，3~4 周后，从中选取生长健壮且已经抽薹开花的，将其果荚和花蕾剪掉，并在转化前保证水分充足。

②选取 *Bar* 基因检测和目的基因检测结果均为阳性的菌液，按 1∶100 比例转接菌液，将活化的农杆菌接种到 200 mL YEB 培养基中(含有 100 mg/L 利福平和 50 mg/L 卡那霉素)。在 28℃ 200 r/min 条件下振荡，直至 A_{600} 约 1.5。

③振荡停止后,在4℃ 5 000 r/min 条件下离心 15 min 收集菌体,用适量的 1/2 MS、5%蔗糖渗透液调节菌液的 A 值至 $0.8\sim1.0$,再向悬浮液中加入 0.02%Silwet L-77,用于转染。

④将农杆菌菌液倒入培养皿中,使拟南芥的花苞充分浸入菌液中约 1 min(注意:不要浸入拟南芥叶片或茎秆),然后将拟南芥放置于 16℃ 黑暗条件下处理 24 h 后,转移至正常生长条件下。大约生长 7 d 后重复以上转化过程,重复 2~3 次(如果还有花苞,为了提高侵染效率,可以侵染 3~4 次)。

4. 转基因拟南芥阳性株系的筛选与鉴定

(1)除草剂筛选转基因拟南芥阳性植株(图 19-4)

植物双元表达载体 pCAMBIA3301 遗传转化农杆菌 GV3101,并通过蘸花法转化 Col-0 型野生型拟南芥后,混合收获 T_0 代植株种子,将 T_0 代播种于含有 7.5 mg/L 除草剂的 MS 琼脂培养基上,选取存活的移栽土壤(蛭石:营养土=1:1)中,植株长至抽薹开花之前提取拟南芥叶片基因组 DNA,进行除草剂 *Bar* 基因和目的基因的 PCR 检测,选取 PCR 鉴定阳性的 T_1 代转基因植株,单株收其种子。将单株收种的 T_1 代转基因植株,再次播种于含有 7.5 mg/L 除草剂的 MS 培养基上,筛选分离比,直至获得转基因拟南芥纯合株系(直至 T_2 代或 T_3 代,之后不再筛选)。

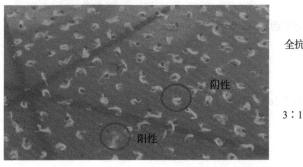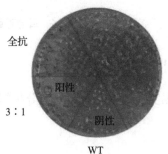

图 19-4 除草剂筛选转基因拟南芥阳性植株

(2)转基因拟南芥阳性株系的分子鉴定

①提取转基因拟南芥 T_1 代单株叶片基因组 DNA,用于目的基因和 *Bar* 基因的分子鉴定。

②琼脂糖凝胶电泳检测拟南芥基因组 DNA。

③拟南芥基因组 DNA 中 *Bar* 基因和目的基因 PCR 鉴定。

反应体系:

LaTaq	12.5 μL
引物 1	1 μL
引物 2	1 μL
基因组 DNA	1 μL
双蒸水	9.5 μL
总体积	25 μL

琼脂糖凝胶电泳检测转基因拟南芥基因组 DNA 中目的基因(*Zma 004844*)和 *Bar* 基因

扩增情况如图 19-5 和图 19-6 所示。

图 19-5　拟南芥基因组 DNA 检测结果

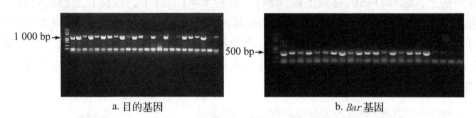

图 19-6　目的基因（*Zma 004844*）和 *Bar* 基因检测结果

【问题与讨论】

根据实验数据记录结果，分析拟南芥转化过程中的注意事项。

实验 20　种子活力的测定

【实验目的】

1. 加深对种子活力概念的理解。
2. 学习用直立发芽幼苗生长量测定法测定种子活力。

【实验原理】

种子活力是指广泛的田间条件下，决定种子迅速整齐出苗和长成正常幼苗潜在能力的总称。种子活力测定方法有多种，按照测定方法的不同可以分为直接法和间接法。直接法是在实验室内模拟田间不良条件测定出苗率或幼苗生长速度和健壮度；间接法是在实验室内测定某些与种子活力相关的生理生化指标和物理特性。直立发芽幼苗生长量测定法属于间接法，此方法适用于具有直立胚芽和胚根的禾谷类和蔬菜类作物种子的测定。

【实验用品】

1. 仪器与耗材

发芽纸(或滤纸)、玻璃板、尺子、铅笔、标签、镊子、玻璃棒、塑料盆、玻璃支架、毛巾、木棍、培养箱等。

2. 试剂

无菌水。

3. 材料

小麦种子。

【实验方法】

1. 玻璃板法

①取小麦种子 100 粒(根据玻璃板大小可酌减)，做 4 组平行实验。

②取一张发芽纸(或滤纸)，先在纸长轴中心画一条横线，然后依次其上、下每隔 1 cm 画平行线。在中心线上平均间隔画 100 点(根据玻璃板大小可酌减)，画有横线的发芽纸(或滤纸)用水湿润贴在玻板上。在每点上放 1 粒种子，胚根端朝向纸底部(图 20-1)。

图 20-1　种子等距排放在中心线上

图 20-2　覆盖湿润滤纸

③种子排列整齐后，盖另一张湿润发芽纸(或滤纸)，让两张发芽纸(或滤纸)紧密粘连在一起，若两张发芽纸之间存有气泡，可用玻璃棒在发芽纸上滚动，赶走气泡，使种子、发芽纸(或滤纸)与玻璃板紧密结合。玻璃板上部贴标签(图20-2)。

④玻璃板放入塑料箱的支架上，使其直立；塑料箱放入蒸馏水，蒸馏水没过玻璃板 2 cm 即可。

⑤塑料箱置于 20℃ 恒温箱内培养 7 d，观察塑料箱水的多少，适当补充水。

⑥ 7 d 后，计算发芽率和统计苗长：计算每对平行线之间的胚芽的数目，按下列公式求出幼苗的平均长度(L)。

$$L=\frac{a_1x_1+a_2x_2+a_3x_3+\cdots+a_nx_n}{N}$$

式中，L 为幼苗的平均长度(cm)；a 为每对平行线间的胚芽尖端数；x 为每对平行线之间的中点至中心线的距离(cm)；N 为正常幼苗总数。不正常幼苗不统计长度。

2. 毛巾卷法

①取小麦种子 100 粒，4 次重复。

②毛巾湿润后平铺在实验台上，中部横放木棍，将毛巾分为两部分，种子排放在毛巾下端，种子在距毛巾顶边 6 cm 和 12 cm 处排成 2~4 行，每行 25 粒种子。

③以木棍为轴将种子和毛巾卷成筒状(松紧以种子竖起不下落为宜)，两端用皮筋扎紧。竖放在盛有水的塑料盆或其他容器内。

④将容器置于 20℃ 培养箱培养 7 d，然后计算发芽率和种苗的质量。

3. 小麦种子简易活力指数计算

$$简易活力指数 = G \times S$$

式中，G 为发芽率；S 为平均幼苗长度(cm)或质量(g)。

【问题与讨论】

发芽 7 d 结束后，统计发芽率和种苗长度或质量，计算种子活力。

实验 21　核酸或蛋白质序列检索

【实验目的】

1. 掌握核酸或蛋白质序列检索的操作方法,学会获取自己感兴趣的生物信息的方法。
2. 了解和熟悉 GenBank 数据库序列格式及其主要字段的含义。

【实验原理】

数据库是生物信息学研究的基础。当前,种类繁多的生物信息数据库已经建立起来,其内容几乎涵盖了生命科学的各个领域,如核酸序列数据库、蛋白质序列数据库、基因组图谱数据库、生物大分子结构数据库等。这些数据库都由专门的机构负责管理、更新和维护,以期为生物学研究人员提供更加准确、翔实的信息。

GenBank 是由美国国家生物技术信息中心(National Center for Biotechnology Information, NCBI)负责开发、管理和维护的综合性的生物信息数据库。一个典型的数据库记录通常包括两部分:原始(序列)数据和这些数据的生物学意义的注释。该数据库中的每一条记录都有一个特定的序列编号,可以利用这一编号通过 NCBI 的 Entrez 系统检索 GenBank 中相关的序列条目。另外,也可通过关键词等信息进行检索。例如,可通过序列编号"FJ654264"检索 GenBank 核酸数据库中该序列的相关信息;也可通过关键词"WRKY"和"*Zea mays*"查找 GenBank 中玉米 *WRKY* 基因家族的核酸和蛋白质序列信息。

【实验用品】

计算机(联网)、GenBank 等生物信息网络资源。

【实验方法】

1. 核酸序列检索

①登录 NCBI 主页(http://www.ncbi.nlm.nih.gov),找到 Entrez 系统简单检索界面(图 21-1)。

图 21-1　NCBI Entrez 系统简单检索界面

②在下拉菜单中选择核酸数据库(图 21-2)。
③在搜索框中输入"WRKY",点击"Search"按钮(图 21-3)。
④弹出搜索结果页面,点击右侧的"Zea mays(303)",即可得到和玉米 *WRKY* 基因相关的核酸序列信息(图 21-4)。

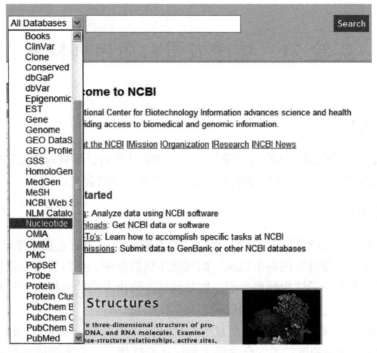

图 21-2　核酸数据库的选择

图 21-3　在搜索框中输入关键词

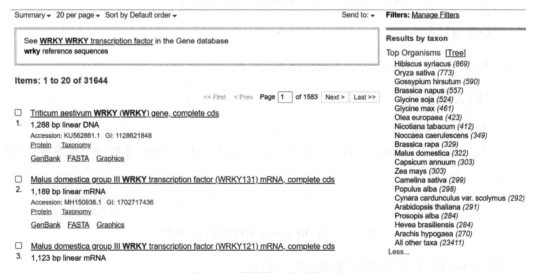

图 21-4　获得基因的搜索结果

2. 蛋白质序列检索

①登录 NCBI 主页，找到 Entrez 系统简单检索界面。
②在下拉菜单中选择蛋白质数据库（图 21-5）。

实验 21
核酸或蛋白质序列检索

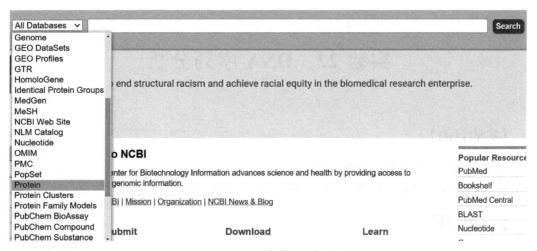

图 21-5　蛋白质数据库的选择

③在搜索框中输入关键词"WRKY"，点击"Search"按钮。

④弹出搜索结果页面，点击页面右侧的"Zea mays（727）"，即可得到玉米中 WRKY 蛋白序列信息（图 21-6）。

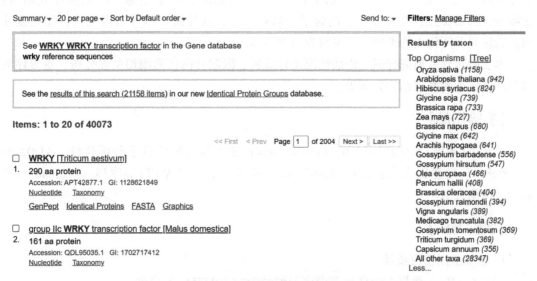

图 21-6　获得蛋白质的搜索结果

【问题与讨论】

1. 每人下载至少 3 条 WRKY 核酸序列及其相对应的蛋白序列，并以 FASTA 格式保存。
2. 标注出自己下载序列的 GenBank 序列编号、注释信息和序列提交者姓名。

实验 22　DNA 序列分析

【实验目的】
1. 了解常用的核酸序列分析工具。
2. 掌握用生物信息学软件对 DNA 序列进行统计和分析的方法。

【实验原理】
遗传信息的载体主要是 DNA(少数情况下为 RNA)。控制生物体性状的基因则是一系列 DNA 片段。DNA 分子上不同的核苷酸排列顺序代表了不同的生物信息，一旦核苷酸的排列顺序发生改变，它代表的生物学信息可能也会发生变化。

DNA 序列分析通常可分为序列组成成分分析、序列结构分析、序列同源性分析和聚类分析四大类。通过对 DNA 序列的分析，我们可以获得以下信息：①核酸序列组成；②限制性酶切位点；③外显子、内含子、启动子、开放性阅读框等基因结构；④重复序列；⑤序列及所代表的类群间的系统发育关系等。

本实验将对序列进行碱基组成情况统计分析、限制性内切酶酶切位点分析、重复序列分析和真核生物基因结构分析等。

【实验用品】
计算机(联网)，OMIGA 2.0、Primer Premier 5.0 等生物信息学分析软件，AJ292756(拟南芥 *pyk 10* 基因启动子区)、AJ243490.1(拟南芥 *pyk 10* 基因)等序列，GenBank 等生物信息网络资源。

【实验方法】
1. 碱基组成情况统计
①从 GenBank 数据库中获取基因序列编号为"AJ292756"的序列。
②启动 OMIGA 2.0 软件。
③在 OMIGA 2.0 软件中建立 AJ292756 项目文件(Aj292756. prj)(图 22-1)。
④将从 GenBank 中下载的序列导入 AJ292756 项目文件中(图 22-2)。
⑤在"Tools"下拉菜单中点击"Composition Analysis"(图 22-3)。
⑥弹出"Composition Analysis View-AJ292756"窗口，查看核酸组成分析结果(图 22-4)。

2. 限制性内切酶酶切位点分析
①在"Search"下拉菜单中点击"Restriction Sites"(图 22-5)，弹出"Restriction Sites"窗口(图 22-6)。

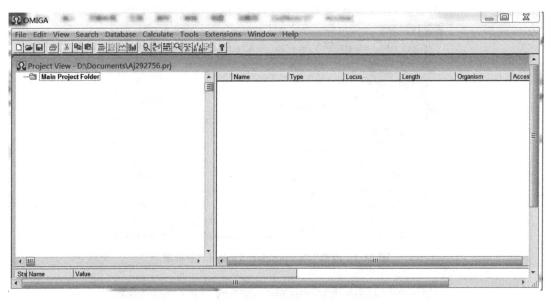

图 22-1 新建 AJ292756 项目文件

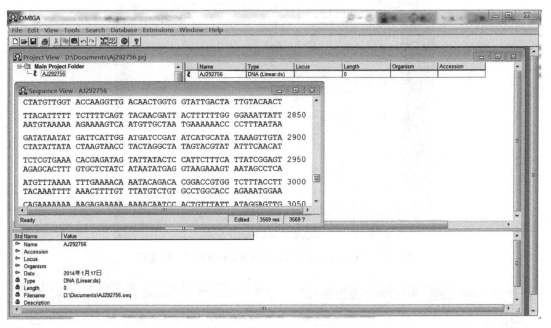

图 22-2 导入 AJ292756 项目文件

②在"Protocol"下拉菜单中选择需要分析的内容后,点击"Search"弹出搜索结果对话框(图 22-7)。对话框中显示出分析序列的名称(Sequence)、分析方法(Search protocol)及拟采用的视图模式(View as)。

③选择"Table"便可以表格视图模式查看分析结果。在酶切分析结果中,OMIGA 2.0 列出了 AJ292756 序列能被剪切的内切酶的类型、剪切位点出现的次数、酶切位点在序列中的位置、内切酶识别的序列等信息(图 22-8)。

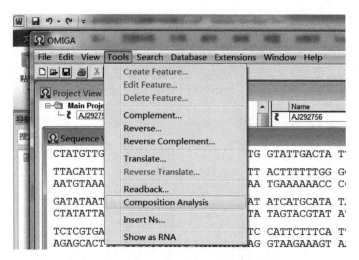

图 22-3 点击"Composition Analysis"子菜单

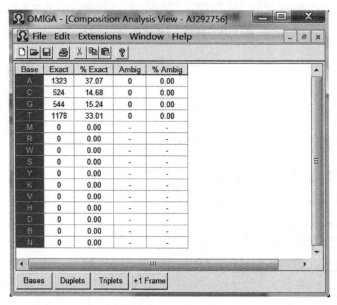

图 22-4 "Composition Analysis View-AJ292756"窗口

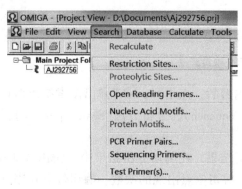

图 22-5 "Restriction Sites"子菜单

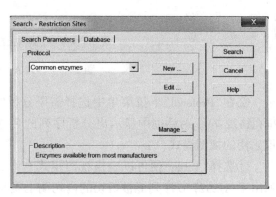

图 22-6 "Restriction Sites"窗口

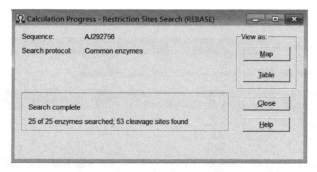

图 22-7 “Restriction Sites”搜索结果对话框

	Enzyme	Hit Frequency	Residue Position	Recog. Seq.	Recog. Seq. Size	Overhang	Overhang Sequence	Overhang Length
1	AluI	8	119	AGCT	4	blunt	-	0
2	AluI	8	253	AGCT	4	blunt	-	0
3	AluI	8	273	AGCT	4	blunt	-	0
4	AluI	8	303	AGCT	4	blunt	-	0
5	AluI	8	1119	AGCT	4	blunt	-	0
6	AluI	8	1246	AGCT	4	blunt	-	0
7	AluI	8	2589	AGCT	4	blunt	-	0
8	AluI	8	2707	AGCT	4	blunt	-	0
9	BamHI	1	1324	GGATCC	6	5'	GATC	4
10	BglI	0	-	-	-	-	-	-
11	BglII	0	-	-	-	-	-	-
12	EcoRI	0	-	-	-	-	-	-
13	EcoRV	2	2881	GATATC	6	blunt	-	0
14	EcoRV	2	3385	GATATC	6	blunt	-	0
15	HaeIII	2	3094	GGCC	4	blunt	-	0
16	HaeIII	2	3430	GGCC	4	blunt	-	0
17	HindIII	2	301	AAGCTT	6	5'	AGCT	4
18	HindIII	2	1244	AAGCTT	6	5'	AGCT	4
19	HinfI	14	798	GAATC	5	5'	AAT	3
20	HinfI	14	1183	GATTC	5	5'	ATT	3
21	HinfI	14	1225	GAGTC	5	5'	AGT	3
22	HinfI	14	1544	GAATC	5	5'	AAT	3
23	HinfI	14	1564	GACTC	5	5'	ACT	3
24	HinfI	14	1593	GATTC	5	5'	ATT	3
25	HinfI	14	1833	GATTC	5	5'	ATT	3
26	HinfI	14	2003	GAATC	5	5'	AAT	3
27	HinfI	14	2114	GACTC	5	5'	ACT	3
28	HinfI	14	2154	GATTC	5	5'	ATT	3

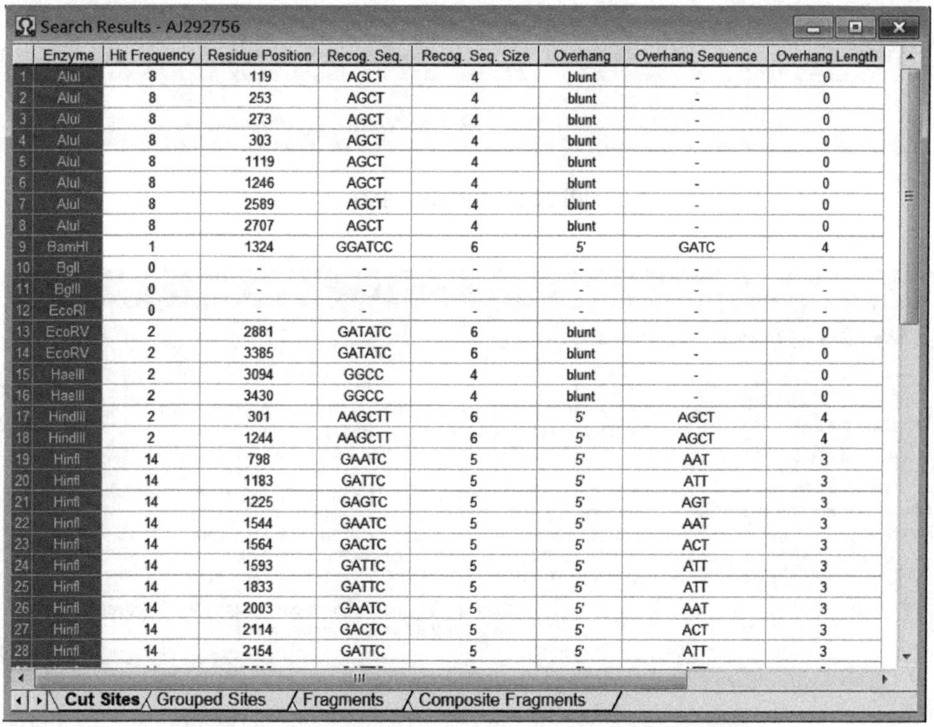

图 22-8 AJ292756 中限制性内切酶位点的分析结果

3. 重复序列分析

①登录 REPuter 主页(https://bibiserv. cebitec. uni-bielefeld. de/reputer? id=reputer_view_submission)(图 22-9)。

②选中“*Copy & Paste*”，弹出序列粘贴区，将 NC_ 000932. 1 序列粘贴在序列粘贴区，点击“next”按钮(图 22-10)。

③经在线验证后弹出参数设置对话框。本程序可注释 4 种类型的重复序列{Forward (direct) [-f]、Reverse [-r]、Complement [-c]、Palindromic [-p]}；可以根据编辑距离(Edit distance)或海明距离(Hamming Distance)进行计算；最大重复次数(Maximum Computed Repeats)和最小重复大小(Minimal Repeat Size)可根据需要进行设定，默认参数值分别位 50 和 8，本例采用默认参数，点击“next”(图 22-11)。

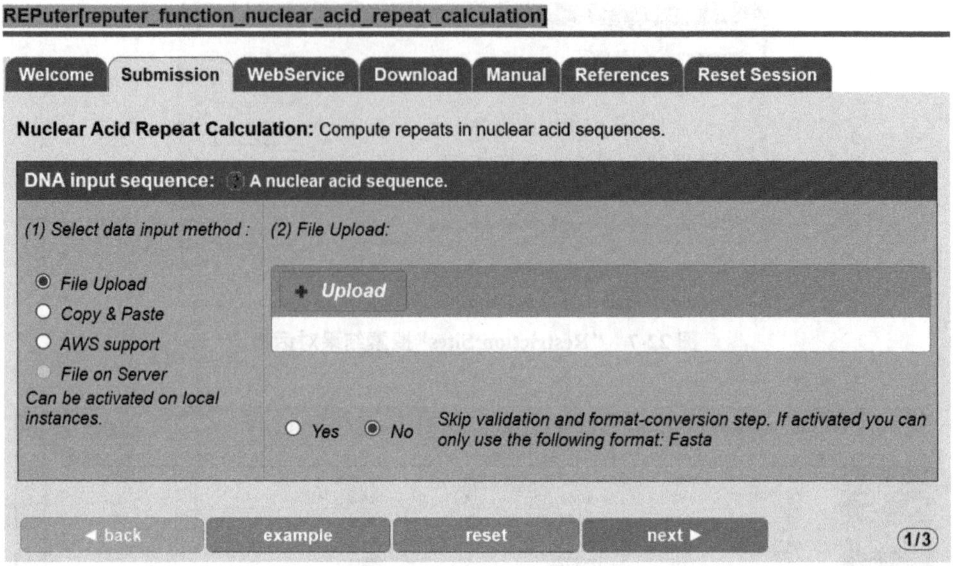

图 22-9　REPuter 主页

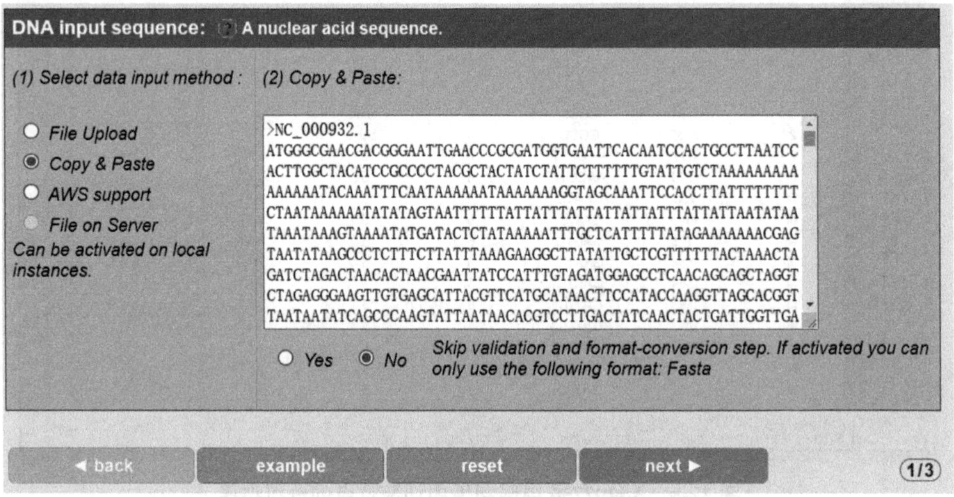

图 22-10　REPuter 序列粘贴窗口

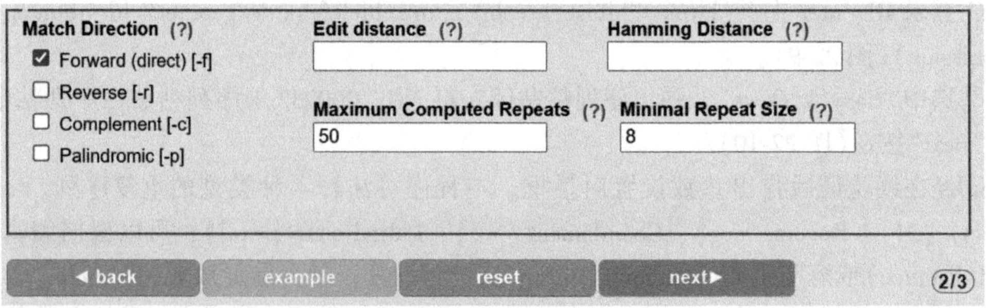

图 22-11　REPuter 参数设置对话框

④弹出结果处理方式对话框，选中"*Download from BiBiServ 2*"，点击"start calculcation"（图 22-12）。

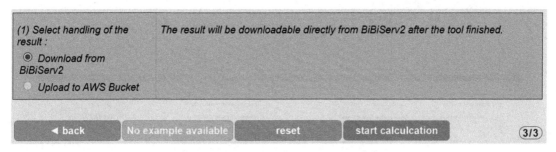

图 22-12　REPuter 结果处理方式对话框

⑤弹出分析结果页面（图 22-13）。

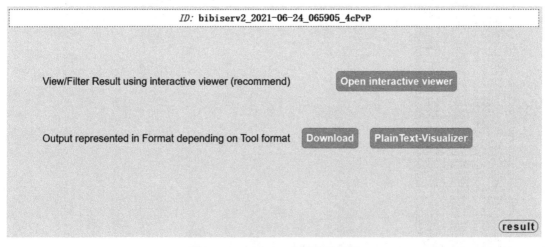

图 22-13　REPuter 分析结果页面

⑥REPuter 的分析结果（图 22-14）有交互模式和文本模式两种。文本模式结果中以#号开头的为解释信息，包含序列长度、允许的最大距离、重复的最小长度等信息；接着是发现的重复序列信息，每一行有 7 列，分别表示第一部分重复序列的长度（repeat length of the first part）、第一部分重复序列的起始位置（starting position of the first part）、匹配方向（match direction）、第二部分重复序列的长度（repeat length of the second part）、第二部分重复序列的起始位置（starting position of the second part）、重复间距（distance of this repeat）和此重复的 E 值（calculated E-value of this repeat）。点击"Save as"或者直接"复制粘贴"即可保存分析结果。

4. 真核生物基因结构分析
（1）内含子、外显子分析
①登录 GENSCAN 主页（http://hollywood.mit.edu/GENSCAN.html）（图 22-15）。
②在"Organism"中选择序列来源的物种类型，有脊椎动物（Vertebrate）、拟南芥（Arabidopsis）和玉米（Maize）三种类型，本例选择"Arabidospsis"（图 22-16）。

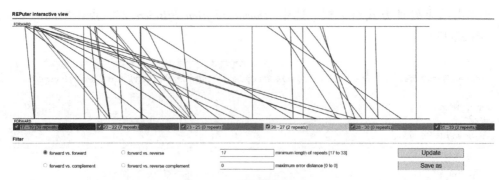

a. 交互模式

```
# /vol/bioapps/bin/repfind -f -1 8 -best 50 /var/bibiserv2/anonymous/reputer/24/06/59/bibiserv2_2021-06-24_065905_4cPvP/reputer_input_na_input_sequence.FILE
# 154478 0 8 /var/bibiserv2/anonymous/reputer/24/06/59/bibiserv2_2021-06-24_065905_4cPvP/reputer_input_na_input_sequence.FILE
33  47828 F 33  47860  0 9.10e-11
32  38728 F 32  40952  0 3.64e-10
27  47770 F 27  47879  0 3.73e-07
26   8114 F 26   8172  0 1.49e-06
22  47737 F 22  47938  0 3.82e-04
22  47901 F 22  48060  0 3.82e-04
21   7789 F 21  35316  0 1.53e-03
21  36710 F 21  66496  0 1.53e-03
20  13524 F 20  88079  0 6.10e-03
20  89104 F 20  89125  0 6.10e-03
20 149503 F 20 149524  0 6.10e-03
19   4719 F 19   7997  0 2.44e-02
19   4720 F 19 112697  0 2.44e-02
19   7991 F 19   8050  0 2.44e-02
19   9406 F 19  36535  0 2.44e-02
19  29059 F 19  32369  0 2.44e-02
19  30759 F 19  36144  0 2.44e-02
19  47826 F 19  48197  0 2.44e-02
19  48180 F 19 103670  0 2.44e-02
19  63158 F 19  66302  0 2.44e-02
19 107756 F 19 107788  0 2.44e-02
19 114015 F 19 127012  0 2.44e-02
19 130841 F 19 130873  0 2.44e-02
18   7694 F 18  82812  0 9.77e-02
18   7998 F 18 112697  0 9.77e-02
18   8122 F 18   8169  0 9.77e-02
18   8169 F 18   8180  0 9.77e-02
18  30829 F 18  76733  0 9.77e-02
18  31306 F 18  36343  0 9.77e-02
18  36345 F 18  63121  0 9.77e-02
18  49953 F 18  66694  0 9.77e-02
18  89070 F 18  89094  0 9.77e-02
18  94521 F 18 144109  0 9.77e-02
18 102807 F 18 129571  0 9.77e-02
18 103215 F 18 104092  0 9.77e-02
18 109059 F 18 135823  0 9.77e-02
18 134538 F 18 135415  0 9.77e-02
18 149536 F 18 149560  0 9.77e-02
17   4689 F 17  50594  0 3.91e-01
17   7691 F 17 127577  0 3.91e-01
17   8276 F 17  64626  0 3.91e-01
17  13990 F 17 121529  0 3.91e-01
17  26720 F 17  26837  0 3.91e-01
17  27916 F 17  65311  0 3.91e-01
17  38704 F 17  40928  0 3.91e-01
17  42552 F 17  68337  0 3.91e-01
17  47860 F 17  48199  0 3.91e-01
17  48029 F 17  48209  0 3.91e-01
17  98855 F 17 120439  0 3.91e-01
17 115002 F 17 124270  0 3.91e-01
```

b. 文本模式

图 22-14 REPuter 的分析结果

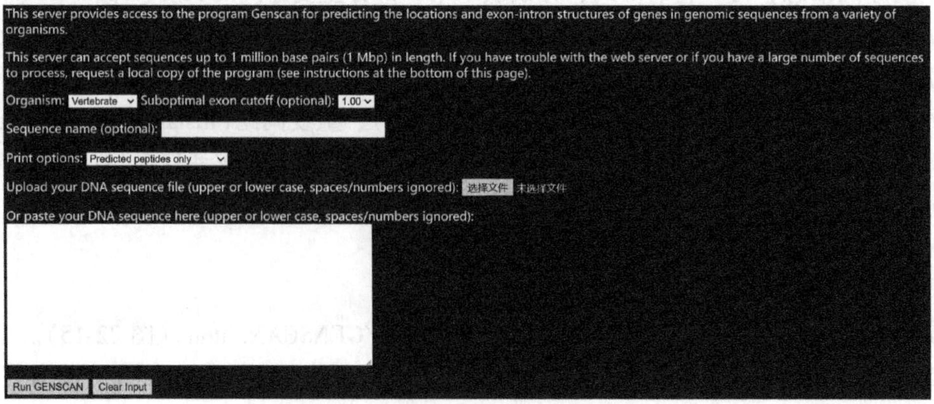

图 22-15 GENSCAN 主页面

图 22-16　物种来源选择下拉框

③在序列粘贴区输入预分析序列（如 AJ243490.1 的 DNA 序列），点击"Run GENSCAN"（图 22-17）。

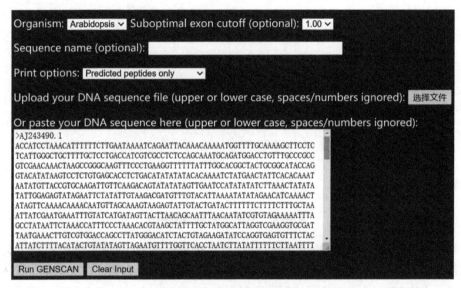

图 22-17　输入待分析的序列

④弹出分析结果页面，"复制粘贴"到本地电脑，将分析结果保存下来（图 22-18）。

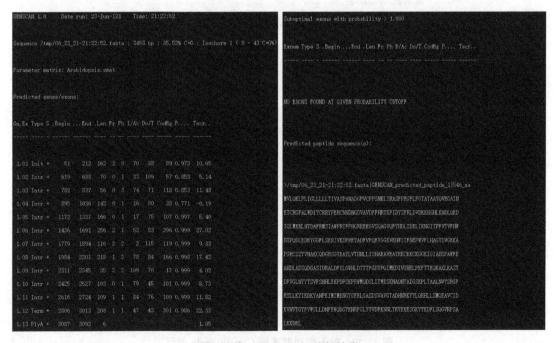

图 22-18　GENSCAN 分析结果

(2) 开放阅读框识别

①登录 ORF Finder 主页(https://www.ncbi.nlm.nih.gov/orffinder/)(图 22-19)。

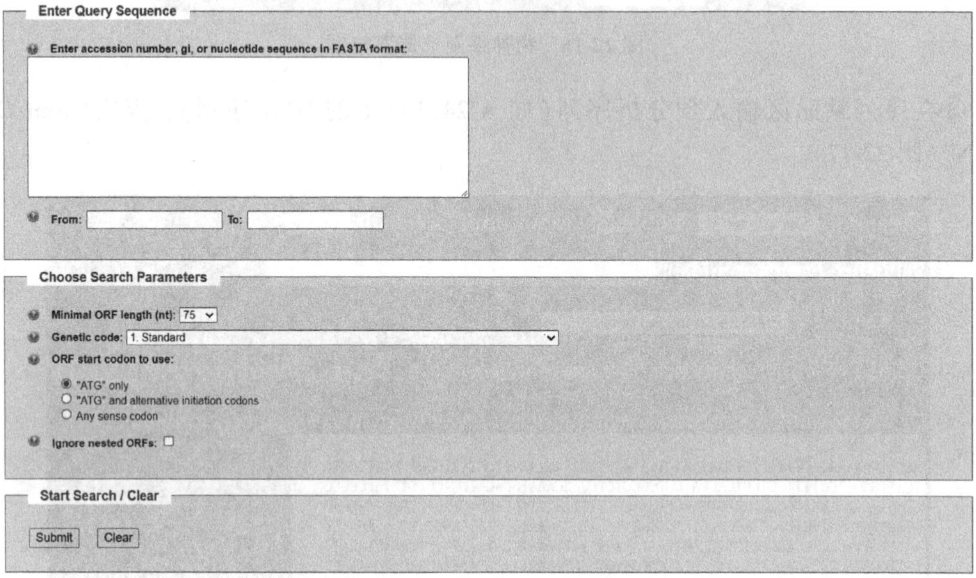

图 22-19　ORF Finder 主页面

②输入拟分析序列的 GenBank 序列编号或直接将序列以 FASTA 格式粘贴至文本区，本例以拟南芥叶绿体基因组序列(GenBank no. NC_000932.1)为例，在文本框中输入 NC_000932.1，点击"Genetic code"下拉框，选择"11. Bacterial, Archaeal and Plant Plastid"，在"ORF start codon to use"中选择"ATG and alternative initiation codons"(图 22-20)。

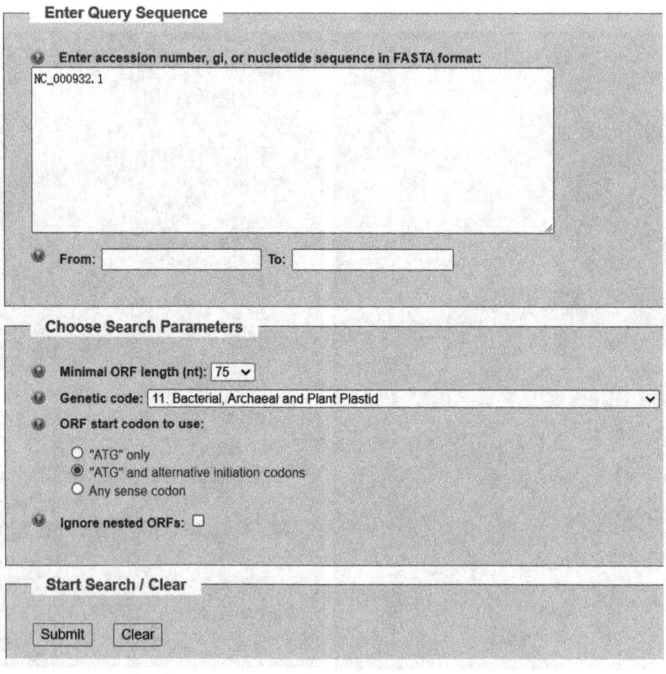

图 22-20　输入序列并选择 Genetic code 类型

③点击"Submit"按钮即可弹出搜索结果(图 22-21)。

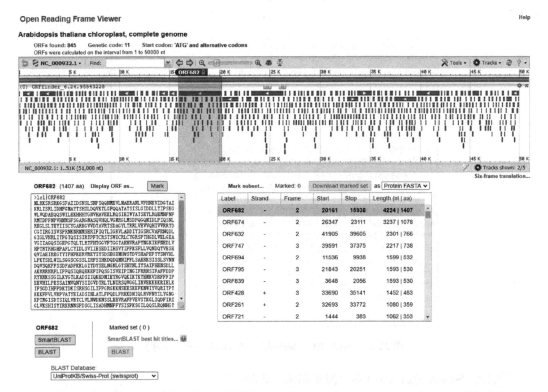

图 22-21 ORF Finder 对拟南芥叶绿体基因组序列(GenBank no. NC_000932.1)的分析结果

(3)启动子分析

①登录 Neural network promoter prediction 主页(https://www.fruitfly.org/seq_tools/promoter.html)(图 22-22)。

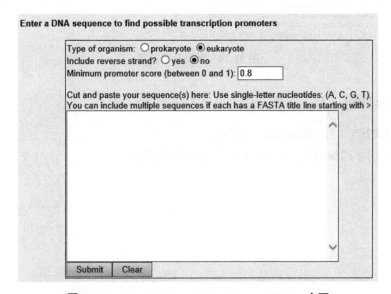

图 22-22 Neural network promoter prediction 主页

②在文本框中输入拟南芥叶绿体基因组序列(注意：该软件允许输入最多 100 000 个碱基)。

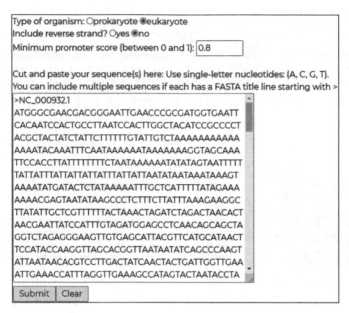

图 22-23 输入 NC_ 000932. 1 的 DNA 序列(部分)

③点击“Submit”按钮即可弹出搜索结果(图 22-24)。

Promoter predictions for 1 eukaryotic sequence with score cutoff 0.80 (transcription start shown in larger font):

Promoter predictions for NC_000932.1 :

Start	End	Score	Promoter Sequence
136	186	0.85	CAATAAAAAATAAAAAAAGGTAGCAAATTCCACCTTATTTTTTTTCTAAT
255	305	0.91	TATGATACTCTATAAAAATTTGCTCATTTTTATAGAAAAAAACGAGTAAT
793	843	0.83	AGGAACCATGCATAGCACTAAAAAGGGAGCCGCCGAATACACCAGCTACA
802	852	1.00	GCATAGCACTAAAAAGGGAGCCGCCGAATACACCAGCTACACCTAACATG
1096	1146	0.91	GAACAATTAGTTCATAAGGACCGCCGTTGTATAGCCATTCATCAACGGAT
1782	1832	0.99	AAAAAAAAAGGTAAAAAACCCCTCCCCAAACCGTGCTTGCATTTTTCATT
1873	1923	0.92	TTTGGTTCCTTATAAATAGGACTCCAAATTCAATACTCAGTAAATTTAAT
2208	2258	1.00	CCAACCTTTTTAAAAAAGTGCGTACAGTACTTTTGTGTTTACGAGCCAAA

图 22-24 预测分析结果

【问题与讨论】

1. 统计 J00265. 1 序列的碱基组成情况。
2. 预测基因序列编号为 J00265. 1 的基因的启动子序列。

实验 23　蛋白质理化性质和功能分析

【实验目的】

1. 了解蛋白质序列分析的基本方法。
2. 掌握利用生物信息学软件分析蛋白质的基本性质。
3. 掌握一种蛋白质功能预测的方法。

【实验原理】

蛋白质序列分析主要包括理化性质分析和功能预测。由碱基序列预测的蛋白质序列，可以进一步分析蛋白质的基本理化性质和其含有的序列模式。蛋白质的一级结构决定了高级结构，高级结构影响着蛋白质功能，因此，我们可以通过同源蛋白比对的方法预测蛋白质可能具有的功能。

【实验用品】

计算机(联网)。

【实验方法】

1. 蛋白质基本理化性质分析

①在 GenBank 中使用 Entrez 信息查询系统检索 GenBank 序列编号为 CAB77704.1 的蛋白质序列。

②登录 ProtParam 主页(https://web.expasy.org/protparam/)(图 23-1)。

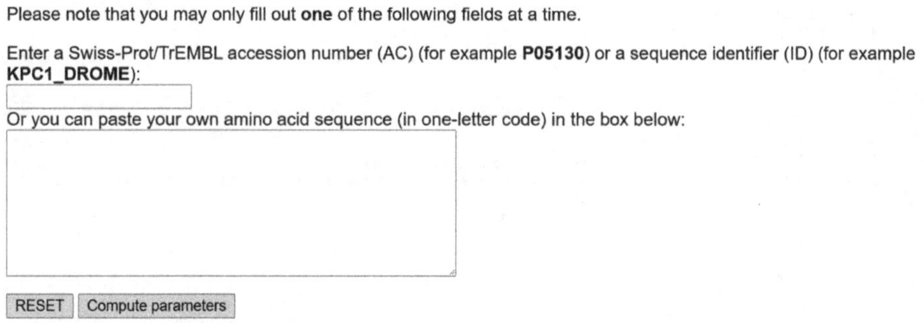

图 23-1　ProtParam 主页

③将 CAB77704.1 的序列粘贴至文本区(图 23-2)。

④点击"Compute parameters"即可弹出分析结果，包含提交的蛋白质序列信息、氨基酸残基数目、相对分子质量、理论等电点、20 种氨基酸的个数及所占百分比、酸性氨基酸数目、碱性氨基酸数目、摩尔消光系数、半衰期、不稳定性系数、平均亲水性系数等(图 23-3)。

Enter a Swiss-Prot/TrEMBL accession number (AC) (for example **P05130**) or a sequence identifier (ID) (for example **KPC1_DROME**):

Or you can paste your own amino acid sequence (in one-letter code) in the box below:

```
MAYSSCLNRSLKPNKLLLRRIDGAIQVRSHVDRTFYSLVGSGRSGGGPPRLLSSRESIH
PLSVYGELSLEHRLRFVLNGKMEHLTTHLHRPRTTRSPLSFWGDGGIVPFEPFFHAFPG
GLEKAVINRTSLILPS
```

RESET | Compute parameters

图 23-2　粘贴序列至文本区

ProtParam

User-provided sequence:

```
        10         20         30         40         50         60
MAYSSCLNRS LKPNKLLLRR IDGAIQVRSH VDRTFYSLVG SGRSGGGPPR LLSSRESIHP

        70         80         90        100        110        120
LSVYGELSLE HRLRFVLNGK MEHLTTHLHR PRTTRSPLSF WGDGGIVPFE PFFHAFPGGL

       130
EKAVINRTSL ILPS
```

References and documentation are available.

Number of amino acids: 134

Molecular weight: 14973.28

Theoretical pI: 10.84

Amino acid composition: CSV format

Ala (A)	4	3.0%
Arg (R)	14	10.4%
Asn (N)	4	3.0%
Asp (D)	3	2.2%
Cys (C)	1	0.7%
Gln (Q)	1	0.7%
Glu (E)	6	4.5%
Gly (G)	13	9.7%
His (H)	7	5.2%
Ile (I)	6	4.5%
Leu (L)	19	14.2%
Lys (K)	4	3.0%
Met (M)	2	1.5%
Phe (F)	7	5.2%
Pro (P)	10	7.5%
Ser (S)	16	11.9%
Thr (T)	6	4.5%
Trp (W)	1	0.7%
Tyr (Y)	3	2.2%
Val (V)	7	5.2%
Pyl (O)	0	0.0%
Sec (U)	0	0.0%
(B)	0	0.0%
(Z)	0	0.0%
(X)	0	0.0%

Total number of negatively charged residues (Asp + Glu): 9
Total number of positively charged residues (Arg + Lys): 18

Atomic composition:

Carbon	C	672
Hydrogen	H	1068
Nitrogen	N	200
Oxygen	O	183
Sulfur	S	3

Formula: $C_{672}H_{1068}N_{200}O_{183}S_3$
Total number of atoms: 2126

Extinction coefficients:

Extinction coefficients are in units of $M^{-1} cm^{-1}$, at 280 nm measured in water.

Ext. coefficient   9970
Abs 0.1% (=1 g/l)   0.666, assuming all pairs of Cys residues form cystines

Ext. coefficient   9970
Abs 0.1% (=1 g/l)   0.666, assuming all Cys residues are reduced

Estimated half-life:

The N-terminal of the sequence considered is M (Met).

The estimated half-life is: 30 hours (mammalian reticulocytes, in vitro).
　　　　　　　　　　　　　>20 hours (yeast, in vivo).
　　　　　　　　　　　　　>10 hours (Escherichia coli, in vivo).

Instability index:

The instability index (II) is computed to be 57.18
This classifies the protein as unstable.

Aliphatic index: 90.90

Grand average of hydropathicity (GRAVY): -0.234

图 23-3　分析结果

2. 基于 motif、结构位点或结构功能域数据库的蛋白质功能预测

①登录 Motif Scan（PFSCAN）主页（https://myhits.sib.swiss/cgi-bin/PFSCAN）（图 23-4）。

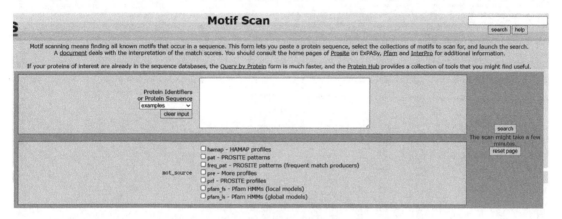

图 23-4　Motif Scan 主页

②粘贴 ACN38396.1 序列至文本区，在"mot_source"中选择 Motif 数据库（图 23-5）。

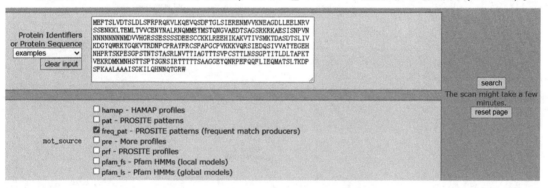

图 23-5　粘贴序列、选择 motif 数据库

③点击"search"按钮即可弹出分析结果（图 23-6），内容包括与序列匹配的 motif 列表和搜索到的 motif 的详细信息。

【问题与讨论】

1. 预测 GenBank 序列编号为 CAB77704.1 的蛋白质的等电点、相对分子质量。
2. 根据理化性质分析结果，序列编号为 CAB77704.1 的蛋白质的不稳定系数是多少？
3. 列出序列编号为 ACN38396.1 的蛋白质含有的 motif 类型并推测其功能。

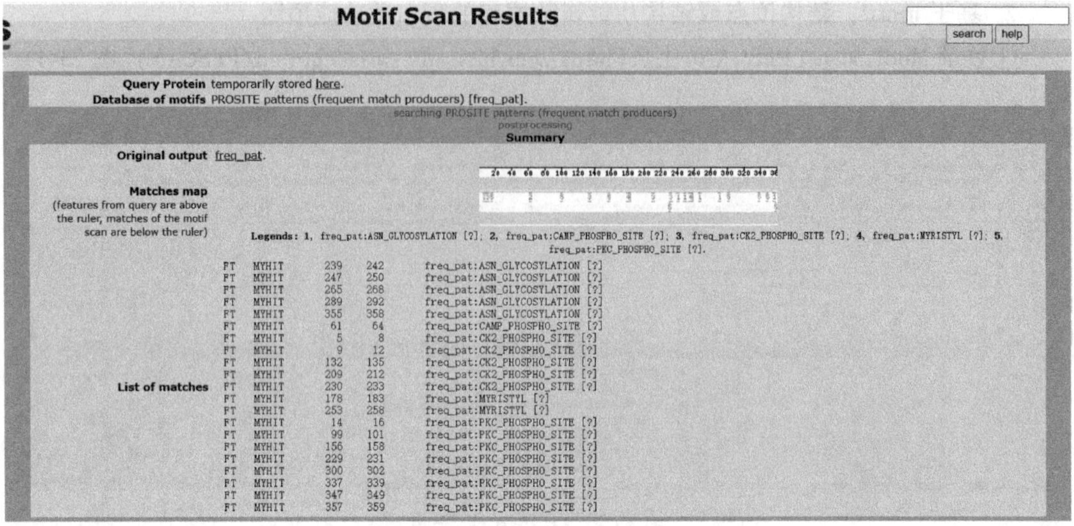

a. 与序列匹配的 motif 列表

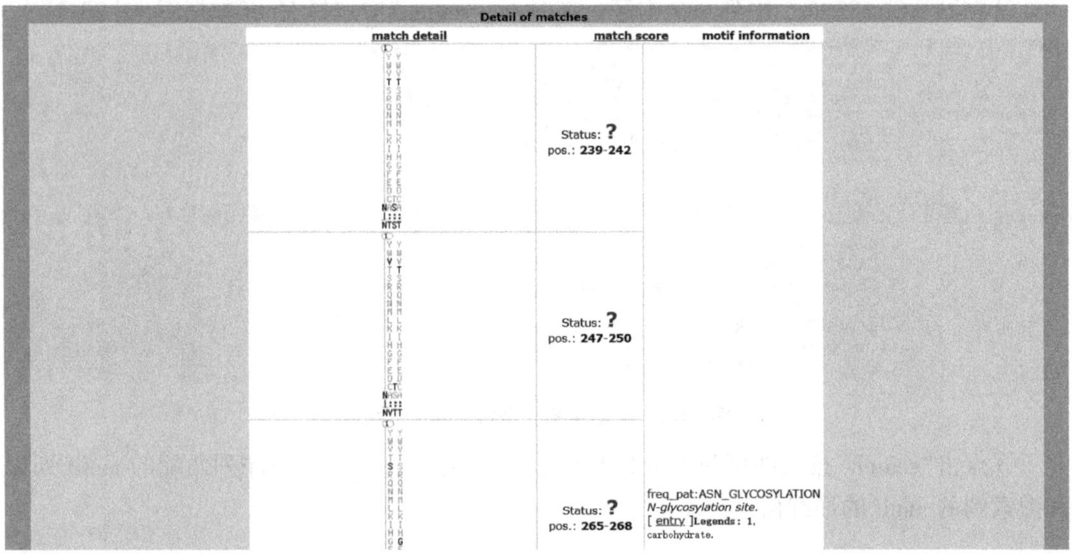

b. motif 详细信息（部分）

图 23-6　Motif 的匹配结果

实验 24 蛋白质结构预测分析

【实验目的】

1. 了解蛋白质结构预测的基本方法。
2. 掌握基于同源性分析的蛋白质结构预测方法。

【实验原理】

蛋白质的一级结构决定蛋白质的高级结构。一级结构相似性较高的蛋白质，其高级结构也很有可能相似。因此，我们可以通过同源比对的方法预测未知蛋白的二级和三级结构。目前，对蛋白质二级结构进行预测的工具较多，各有优缺点。这些预测工具一般对 α-螺旋的预测精度较好，β-折叠次之，对无规则二级结构的预测效果最差。蛋白质三级结构预测的方法主要有同源建模、折叠识别和从头预测。同源建模方法是目前预测蛋白质结构最准确的方法，但其只能预测和数据库中的蛋白具有较高相似性的序列的结构。

【实验用品】

计算机(联网)。

【实验方法】

1. 蛋白质二级结构的预测

①登录 SOPMA SECONDARY STRUCTURE PREDICTION METHOD 主页(https://npsa-prabi.ibcp.fr/cgi-bin/npsa_automat.pl?page=npsa_sopma.html)(图 24-1)。

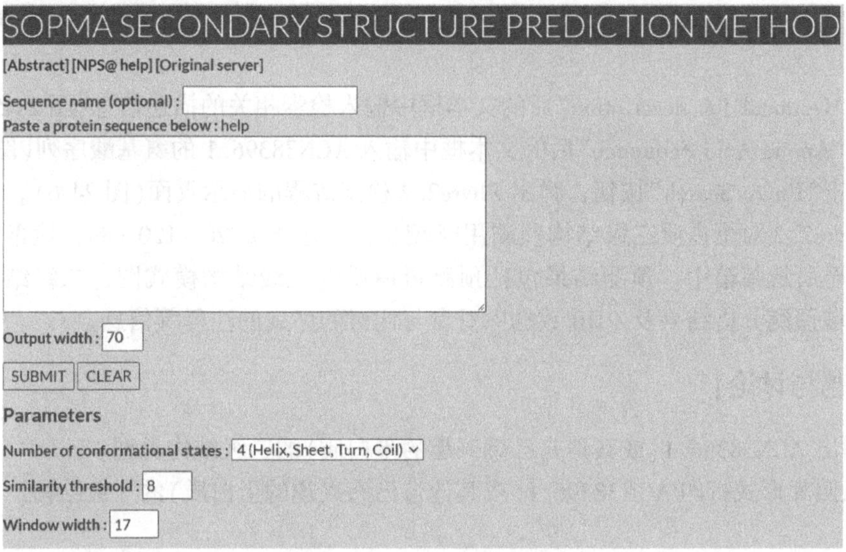

图 24-1 SOPMA 主页

②在文本框中输入序列编号为 ACN38396.1 的蛋白序列(图 24-2)。

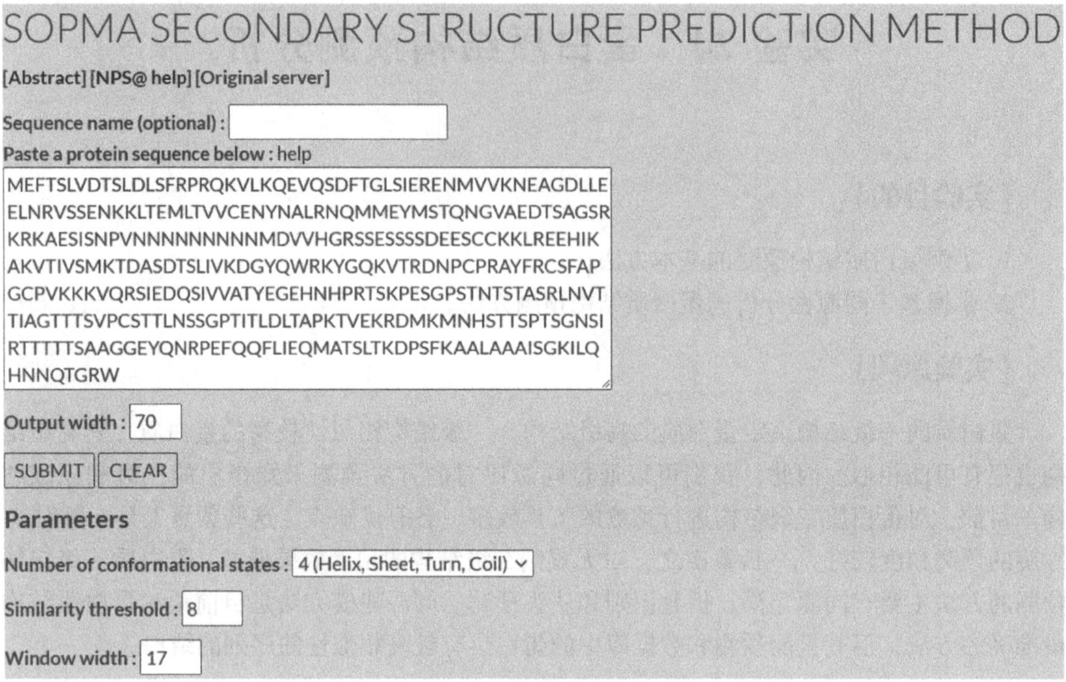

图 24-2　粘贴序列至文本框

③点击"SUBMIT"按钮即可弹出二级结构预测结果(图 24-3),内容包括参考文献信息、提交的序列信息、提交序列的长度、各种二级结构类型的个数及比例、使用的参数等。

2. 蛋白质三级结构的预测

①登录 Phyre2.2(Protein Homology/analogy Recognition Engine V2.2)主页(http://www.sbg.bio.ic.ac.uk/phyre2/html/page.cgi? id=index)(图 24-4)。

②在"E-mail Address"后的文本框中输入自己的邮箱地址(检索结果会发送至此邮箱)(图 24-5)。

③在"Optional Job description"后的文本框中输入检索相关的描述信息(图 24-5)。

④在"Amino Acid Sequence"后的文本框中输入 ACN38396.1 的氨基酸序列(图 24-5)。

⑤点击"Phyre Search"按钮,弹出 Phyre2.2 检索进程的显示页面(图 24-6)。

⑥Phyre2.2 对蛋白质三级结构预测用时较长,一般需要 20~120 min,检索结束后结果会发送至所填邮箱中。预测结果包括预测蛋白质的三级结构模式图、二级结构预测结果、结构域预测分析结果及 PDB 数据库对参与比对的序列的注释等信息。

【问题与讨论】

1. 列出 ACN38396.1(或其他自己感兴趣的蛋白质)的二级结构类型。
2. 以照片形式打印 ACN38396.1(或其他自己感兴趣的蛋白质)的三级结构。

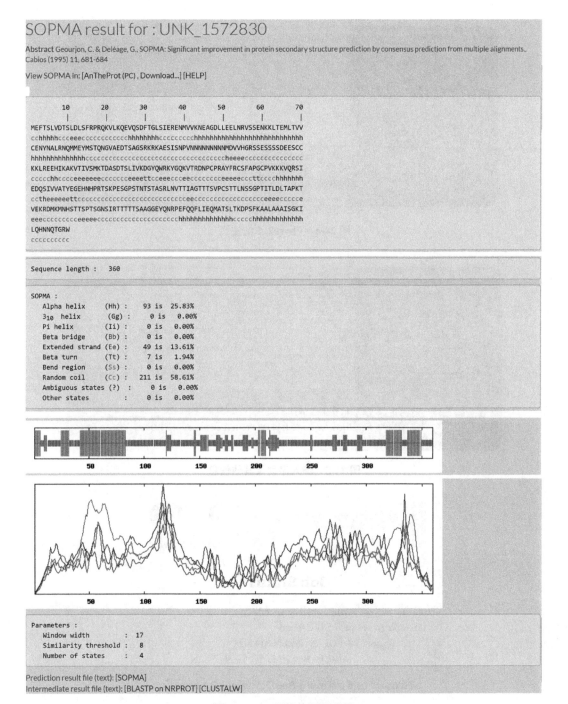

图 24-3　二级结构预测结果

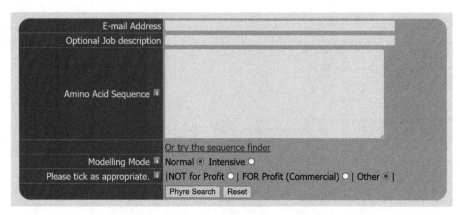

图 24-4　Phyre2.2 的主页

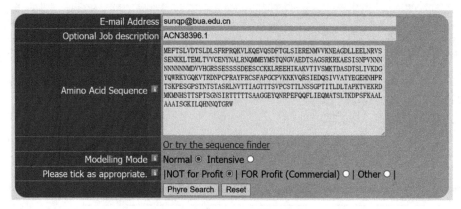

图 24-5　输入序列及其他信息

图 24-6　Phyre2.2 检索进程的显示页面

实验 25　双序列比对工具——Blast

【实验目的】
1. 了解序列比对的基本方法。
2. 学习和掌握 Blast 的使用方法。

【实验原理】
双序列比对是对两条序列对比的方法，通过排列比对使两条序列达到最大程度的匹配，以反映它们之间的相似关系。双序列比对能够用来判断两个蛋白质或基因在结构或功能上的相关性，也可以用来鉴定两条蛋白质共有的结构域与 motif，同时也是数据库相似性搜索的基础。目前，用于双序列比对的工具非常多。从比对原理的角度可分为全局双序列比对和局部双序列比对两大类。

【实验器材】
计算机(联网)。

【实验内容】
利用双序列比对工具分析 GenBank 序列编号为 FJ654265 的核酸序列。

【实验方法】

1. 登录 Blast 页面
登录 Blast 主页(https://blast.ncbi.nlm.nih.gov/Blast.cgi)(图 25-1)。

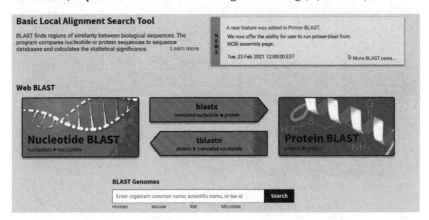

图 25-1　NCBI Blast 主页

2. 进入"blastn"分析页面
点击"Nucleotide BLAST"，弹出"blastn"分析页面(图 25-2)。

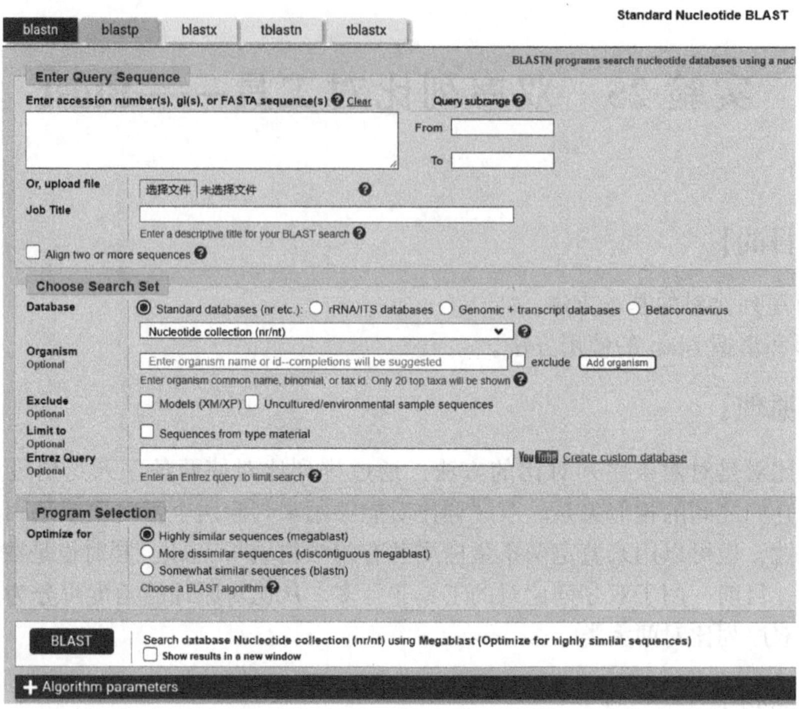

图 25-2 "blastn"分析页面

3. 输入待分析的序列

在"Enter Query Sequence"下的文本框中输入 FJ654265.1(GenBank no.)或以 Fasta 格式输入 FJ654265.1 的序列，勾选"Show results in a new window"(图 25-3)。

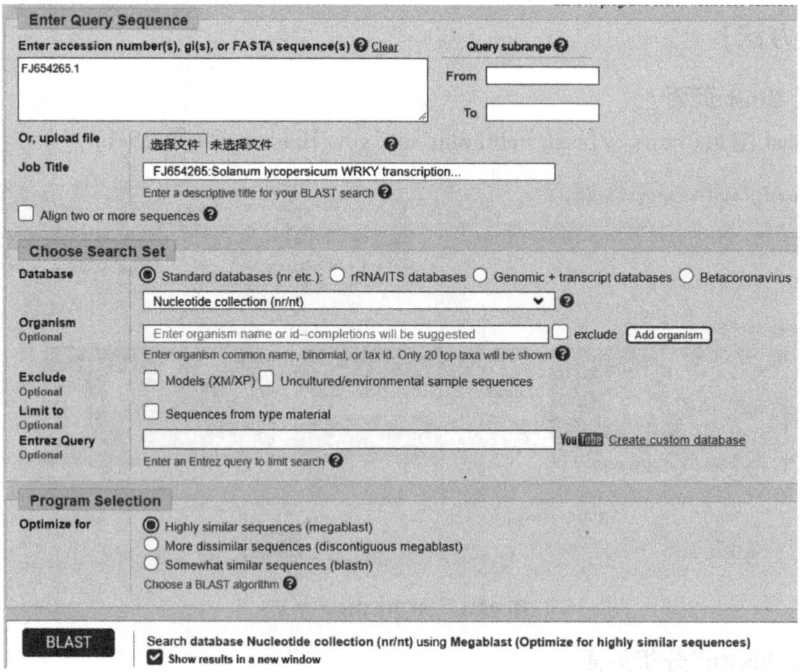

图 25-3 输入待分析的序列

实验 25 双序列比对工具——Blast

4. 运行 BLAST

点击图 25-3 中的"BLAST",首先弹出 Blastn 分析进程页面,一定时间后弹出分析结果(图 25-4)。

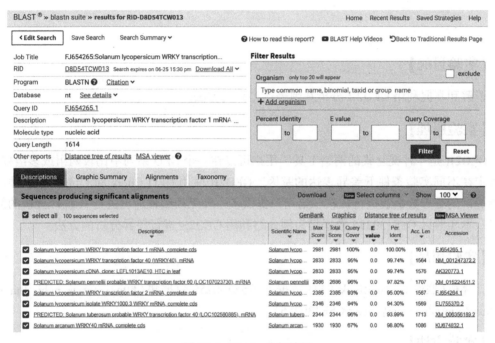

图 25-4　Blastn 分析结果

【问题与讨论】

列出和 FJ654265.1 序列相似性最高(不包含自身)的序列的 GenBank 序列编号、期望值和相似性值。

实验 26　GEO2R 分析基因表达差异

【实验目的】

了解和掌握利用 GEO2R 分析基因表达差异的方法。

【实验原理】

GEO2R 是一种交互式的网络工具,用户可以在一个 GEO 系列中比较两组或多组样本,以确定在不同实验条件下差异表达的基因。GEO2R 使用 GEO Query 和 Limma R 软件包对原始提供的处理数据表进行比较,给用户提供了一种无须编程即可进行 R 统计分析的简单接口。本实验以 GSE130255 数据集为例介绍利用 GEO2R 进行差异分析的方法。

【实验用品】

计算机(联网)、GenBank GEO 数据库 GSE130255 数据集(https://www.ncbi.nlm.nih.gov/geo/query/acc.cgi?acc=GSE130255)。

【实验方法】

1. 登录 NCBI 主页

登录 NCBI 主页(https://www.ncbi.nlm.nih.gov/)(图 26-1)。

图 26-1　NCBI 主页搜索界面

2. 选择数据库,输入检索词

点击"All Databases"下拉框,选择"GEO DataSets"数据库,在文本框中输入"GSE130255",点击"Search"按钮(图 26-2)。

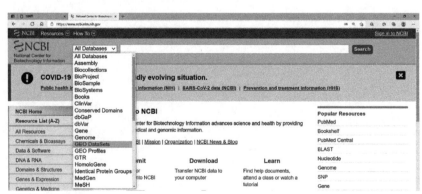

图 26-2　选择数据库类型

3. 查看待分析的记录信息

弹出 GSE130255 的记录信息(图 26-3)。

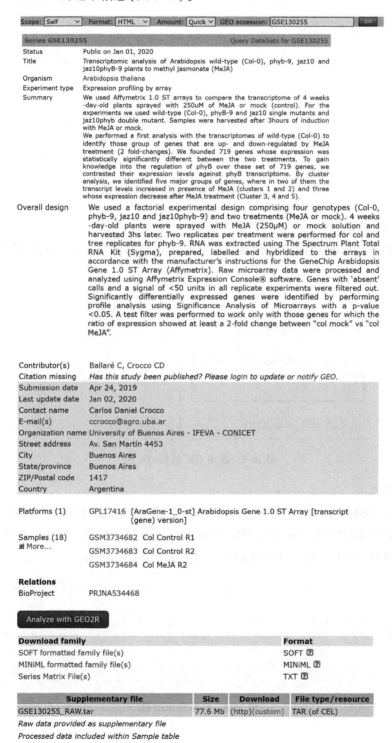

图 26-3　GSE130255 的记录信息

4. 进行 GEO2R 分析

点击"Analyze with GEO2R"按钮，弹出 GEO2R 样本分组界面(图 26-4)。

Group	Accession	Title	Source name	Genotype	Treatment	Age	Tissue
-	GSM3734682	Col Control R1	Col Control	wild-type	Control	4 week-old plants	whole plant
-	GSM3734683	Col Control R2	Col Control	wild-type	Control	4 week-old plants	whole plant
-	GSM3734684	Col MeJA R2	Col MeJA	wild-type	MeJA	4 week-old plants	whole plant
-	GSM3734685	Col MeJA R1	Col MeJA	wild-type	MeJA	4 week-old plants	whole plant
-	GSM3734686	phyb Control R1	phyb Control	phyb	Control	4 week-old plants	whole plant
-	GSM3734687	phyb Control R3	phyb Control	phyb	Control	4 week-old plants	whole plant
-	GSM3734688	phyb Control R2	phyb Control	phyb	Control	4 week-old plants	whole plant

图 26-4 GEO2R 样本分组界面

5. 设定样本分组

点击"Define groups"设定样本分组：在文本框中分别输入 CK、MeJA 并按"Enter"键(图 26-5)。

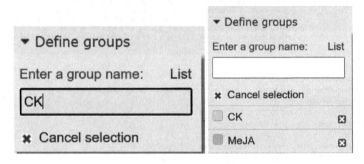

图 26-5 设定 CK 和 MeJA 组

6. 选中样本

点击选中"GSM3734682"行，然后按住"Ctrl"键点击选取"GSM3734683"行，再点击"Define groups"中的"CK"，即可把 GSM3734682、GSM3734683 设定为 CK 对照组。以同样的方式把 GSM3734684、GSM3734685 设为 MeJA 处理组(图 26-6)。

Group	Accession	Title	Source name	Genotype	Treatment	Age	Tissue
CK	GSM3734682	Col Control R1	Col Control	wild-type	Control	4 week-old plants	whole plant
CK	GSM3734683	Col Control R2	Col Control	wild-type	Control	4 week-old plants	whole plant
MeJA	GSM3734684	Col MeJA R2	Col MeJA	wild-type	MeJA	4 week-old plants	whole plant
MeJA	GSM3734685	Col MeJA R1	Col MeJA	wild-type	MeJA	4 week-old plants	whole plant

图 26-6 样本分组结果

7. 分析

点击"Analyze"进行分析(图 26-7)。

实验 26
GEO2R 分析基因表达差异

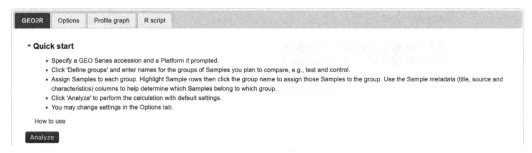

图 26-7　GEO2R 分析界面

8. 结果

分析结果包含两部分：可视化分析结果和差异最显著的 250 个差异基因的信息。图 26-8 中的"Vusualization"下的图为可视化分析的结果，其中着重框标示的是具有交互特性的图。如单击火山图（Volcano plot）后，弹出"Volcano plot"页面的放大图（图 26-9），点击"Explore and download"按钮，即可弹出火山图的详细信息（图 26-10），再单击图中"Download significant genes"按钮可以下载保存差异显著基因的相关信息，如 ID、log2（fold change）等信息。

9. 查看分析使用的 R 程序

如果有兴趣，可以点击"R script"选项卡查看分析所使用的 R 程序（图 26-11）。

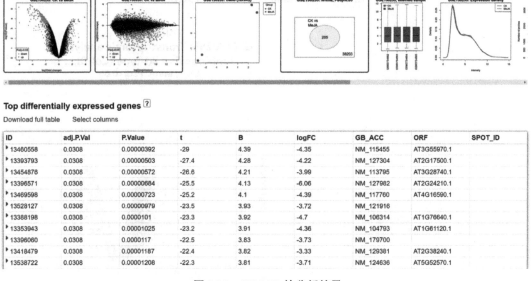

图 26-8　GEO2R 的分析结果

【问题与讨论】

利用 GEO2R 分析 GSE102749 的差异表达情况。

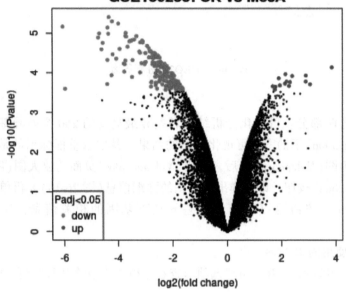

图 26-9 "Volcano plot"页面的放大图

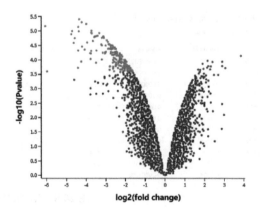

图 26-10 火山图及差异显著基因下载界面

实验 26
GEO2R 分析基因表达差异

| GEO2R | Options | Profile graph | R script |

```
# Version info: R 3.2.3, Biobase 2.30.0, GEOquery 2.40.0, limma 3.26.8
################################################################
#   Differential expression analysis with limma
library(GEOquery)
library(limma)
library(umap)

# load series and platform data from GEO

gset <- getGEO("GSE130255", GSEMatrix =TRUE, AnnotGPL=FALSE)
if (length(gset) > 1) idx <- grep("GPL17416", attr(gset, "names")) else idx <- 1
gset <- gset[[idx]]

# make proper column names to match toptable
fvarLabels(gset) <- make.names(fvarLabels(gset))

# group membership for all samples
gsms <- "0011XXXXXXXXXXXXXX"
sml <- strsplit(gsms, split="")[[1]]

# filter out excluded samples (marked as "X")
sel <- which(sml != "X")
sml <- sml[sel]
gset <- gset[ ,sel]

# log2 transformation
ex <- exprs(gset)
qx <- as.numeric(quantile(ex, c(0., 0.25, 0.5, 0.75, 0.99, 1.0), na.rm=T))
LogC <- (qx[5] > 100) ||
          (qx[6]-qx[1] > 50 && qx[2] > 0)
if (LogC) { ex[which(ex <= 0)] <- NaN
  exprs(gset) <- log2(ex) }
```

图 26-11　GEO2R 分析使用的 R 程序

参考文献

陈宏，2006. 基因工程原理与应用[M]. 北京：中国农业出版社.
翟礼嘉，顾红雅，胡苹，等，2004. 现代生物技术[M]. 北京：高等教育出版社.
高荣岐，张春庆，2009. 种子生物学[M]. 北京：中国农业出版社.
郭彬，侯思宇，黄可盛，等，2013. 大豆叶片和花器官总RNA提取方法的比较及应用[J]. 植物分子育种，11(2)：255-261.
河北师范大学，1982. 遗传学实验[M]. 北京：人民教育出版社.
侯思宇，孙朝霞，申洁，等，2011. 30个枣树种质资源遗传多样性的ISSR分析[J]. 植物生理学报，47(3)：275-280.
胡晋，2004. 种子生物学[M]. 北京：高等教育出版社.
卢圣栋，1993. 现代分子生物学实验[M]. 北京：高等教育出版社.
萨姆布鲁克，拉塞尔，2002. 分子克隆实验指南[M]. 4版. 北京：科学出版社.
申洁，侯思宇，孙朝霞，等，2010. 正交优化枣树ISSR-PCR反应体系的研究[J]. 华北农学报，25(2)：116-120.
孙朝霞，王海燕，王玉国，等，2008. 枣树RAPD分析体系优化的研究[J]. 华北农学报，23(4)：115-118.
孙清鹏，万善霞，孙祎振，2014. 生物学实验技术[M]. 北京：中国林业出版社.
孙清鹏，2022. 生物信息学应用教程[M]. 2版. 北京：中国林业出版社.
杨汉民，2001. 细胞生物学实验[M]. 北京：高等教育出版社.
COMBET C, BLANCHET C, GEOURJON C, et al., 2000. NPS@：Network Protein Sequence Analysis [J]. Trends in Biochemical Sciences, 25(3)：147-150.
MCLANDSBOROUGH L A, 2005. Food Microbiology Laboratory[M]. Boca Raton：CRC Press.
MANNING K, 1991. Isolation of Nucleic Acids from Plants by Differential Solvent Precipitation[J]. Analytical Biochemistry, 195：45-50.
MURASHIGE T, SKOOG F, 1962. A revised medium for rapid growth and bio-assays with tobacco tissue cultures[J]. Physiol Plant, 15(3)：473-497.

附录 常用试剂溶液、缓冲液、培养基和抗生素的配制

一、常用试剂的配制

①氯化镁（$MgCl_2$，1 mol/L）：溶解 20.3 g $MgCl_2 \cdot 6H_2O$ 于 90 mL 水中，定容至 100 mL。

②二硫苏糖醇（DTT，1 mol/L）：称取 3.09 g DTT 并将其加入 20 mL 0.01 mol/L NaAc 溶液中（pH 5.2），过滤除菌后分装成小份，-20℃贮存。

③乙酸钾（KAc，8 mol/L）：溶解 78.5 g KAc 于适量的水中，加水定容至 100 mL。

④氯化钾（KCl，1 mol/L）：溶解 7.46 g KCl 于适量的水中，加水定容至 100 mL。

⑤乙酸钠（NaAc，3 mol/L）：溶解 40.8 g $NaAc \cdot 3H_2O$ 于约 90 mL 水中，用冰醋酸调溶液的 pH 值至 5.2，再加水定容至 100 mL。

⑥EDTA（0.5 mol/L，pH 8.0）：称取 186.1 g $Na_2EDTA \cdot 2H_2O$ 加入 800 mL 水中，磁力搅拌器上剧烈搅拌。加入约 20 g NaOH 调整 pH 值至 8.0，定容至 1 L，分装后高压灭菌 20 min。

⑦盐酸（HCl，1 mol/L）：加 8.6 mL 浓盐酸至 91.4 mL 水中。

⑧氯化钾（KCl，4 mol/L）：称取 29.82 g KCl 溶于适量水中，加水定容至 100 mL 分装成小份，121℃高压灭菌 20 min，室温贮存。

⑨氯化锂（LiCl，5 mol/L）：称取 21.2 g LiCl 溶于 90 mL 水中，加水定容至 100 mL，分装成小份 121℃高压灭菌 20 min，4℃贮存。

⑩氯化钠（NaCl，5 mol/L）：溶解 29.2 g NaCl 于足量的水中，定容至 100 mL。

⑪氢氧化钠（NaOH，10 mol/L）：溶解 400 g NaOH 于约 0.9 L 水的烧杯中（磁力搅拌器搅拌），NaOH 完全溶解后用水定容至 1 L。

⑫异丙基硫代-β-D-半乳糖苷（IPGT，25 mg/mL）：溶解 250 mg IPGT 于 10 mL 水中，膜过滤灭菌后分成小份贮存于-20℃。

⑬X-gal（2.5%）：溶解 25 mg X-gal 于 1 mL 二甲基甲酰胺（DMF），用铝箔包裹装液管，贮存于-20℃。

⑭PEG8000：PEG 工作浓度范围为 13%～40%（m/v）。用灭菌水溶解 PEG 配制适当浓度，如有需要可加温促进溶解。0.22 μm 过滤除菌，室温保存。

⑮牛血清蛋白（BSA，10 mg/mL）：加 100 mg BSA 于 9.5 mL 水中（注意：将 BSA 加入水中以减少变性），轻轻摇动，直至完全溶解，加水定容至 10 mL，分装成小份-20℃贮存。

⑯蛋白酶 K（proteinase K，20 mg/mL）：将 200 mg 蛋白酶 K 冻干粉加入 9.5 mL 水中，轻轻摇动，直至蛋白酶 K 完全溶解（不要涡旋混合）。加水定容至 10 mL，分装成小份-20℃贮存。

⑰RNA 酶（DNase-free RNase，10 mg/mL）：用 2 mL TE（pH 7.6）溶解 20 mg RNase（配制过程中要戴手套）。

⑱十二烷基磺酸钠（SDS，10%）：称取 100 g SDS 慢慢转移到约含 0.9 L 水的烧杯中，用磁力搅拌器搅拌直至完全溶解，用水定容至 1 L，121℃高压灭菌 20 min，室温贮存。

⑲山梨（糖）醇（Sorbitol，2 mol/L）：溶解 36.4 g 山梨（糖）醇于足量水中，定容至 100 mL。

⑳三氯乙酸（TCA，100%）：在装有 500 g TCA 的试剂瓶中加入 100 mL 水，磁力搅拌器搅拌至完全

溶解。稀释液应在临用前配制。

㉑氯化钠(NaCl, 2.5 mol/L)：14.6 g NaCl 加水至 100 mL，充分溶解。

㉒焦碳酸二乙酯处理水(DEPC 水, 0.1%)：100 μL DEPC 加入 100 mL 灭菌水中，37℃温浴至少 12 h，121℃高压灭菌 20 min，以使残余的 DEPC 失活。DEPC 会与胺起反应，不可用 DEPC 处理 Tris 缓冲液(注意：DEPC 是致癌剂，溶解时应在通风橱内操作，操作时需佩戴手套)。

二、常用缓冲液的配制

1. Tris-HCl 缓冲液(1 mmol/L)

用 800 mL 蒸馏水溶解 121.1 g Tris 碱，加浓盐酸调 pH 值至所需值。

pH 值	HCl
7.4	70 mL
7.6	60 mL
8.0	42 mL

加水定容至 1 L。分装后 121℃高压蒸汽灭菌 20 min，室温保存。

2. 磷酸缓冲盐溶液(PBS)

137 mmol/L	NaCl
2.7 mmol/L	KCl
10 mmol/L	Na_2HPO_4
2 mmol/L	KH_2PO_4

用 800 mL 蒸馏水溶解 8 g NaCl、0.2 g KCl、1.44 g Na_2HPO_4 和 0.24 g KH_2PO_4。用 HCl 调节溶液的 pH 值至 7.4，加水至 1 L。121℃高压蒸汽灭菌 20 min，室温保存。

3. 10×TE 缓冲液(pH 8.0)

100 mmol/L Tris-HCl (pH 8.0)
10 mmol/L EDTA (pH 8.0)

121℃高压蒸汽灭菌 20 min，室温保存。

三、电泳缓冲液、染料和凝胶加样液的配制

1. 常见电泳缓冲液配制(附表 1)

附表 1　常见电泳缓冲液配制

缓冲液	贮存液/L	工作液
Tris-醋酸(TAE)	50× 242 g Tris 碱 57.1 mL 冰醋酸 37.2 g $Na_2EDTA \cdot 2H_2O$	1× 贮存液稀释 50 倍使用
Tris-硼酸(TBE)	5× 54 g Tris 碱 27.5 g 硼酸 20 mL 0.5 mol/L EDTA(pH 8.0)	0.5 45 mmol/L Tris-硼酸 1 mmol/L EDTA 或贮存液稀释 10 倍使用
Tris-磷酸(TPE)	10× 108 g Tris 碱 15.5 mL 磷酸 40 mL 0.5 mol/L EDTA(pH 8.0)	1× 90 mmol/L Tris-磷酸 2 mmol/L EDTA 或贮存液稀释 10 倍使用

2. 染料

① 1%溴酚蓝(bromopHenol blue)：加 1 g 溴酚蓝于 100 mL 水中，搅拌或涡旋混合直至完全溶解。
② 1%二甲苯青(xylene cyanole FF)：溶解 1 g 二甲苯青 FF 于足量水中，定容至 100 mL。
③ 溴化乙啶(EB，10 mg/mL)：小心称取 1 g 溴化乙啶，加 100 mL 水，用磁力搅拌器搅拌直到完全溶解。用铝箔包裹容器，室温保存。EB 为强致癌剂，配制时须佩戴手套，小心操作！

3. 6×凝胶上样液(室温贮存)

15%	Ficoll(400 型)
0.25%	溴酚蓝
0.25%	二甲苯青

注：如用 40%蔗糖溶液代替 Ficoll，则需 4℃保存。

四、常用培养基、抗生素的配制

1. 常用培养基配方(附表 2)

附表 2　常用培养基配方

LB 培养基		SOB 培养基		SOC 培养基	
成分	含量/g	成分	含量/g	成分	含量/g
胰蛋白胨	10	胰蛋白胨	20	胰蛋白胨	20
酵母抽提物	5	酵母抽提物	5	酵母抽提物	5
NaCl	10	NaCl	0.5	NaCl	0.5
琼脂	15	琼脂	15	琼脂	15
				葡萄糖	20 mmol/L

注：琼脂为制作固体培养基及铺制平板时加入，如制作液体培养基则不加琼脂。

加入 950 mL 无菌水，搅拌至溶解，用 5 mol/L NaOH 调 pH 7.0，用水定容至 1 L。121℃高压蒸汽灭菌 20 min。

2. 常用抗生素溶液的配制方法和使用浓度(附表 3)

附表 3　常用抗生素溶液的配制方法和使用浓度

抗生素	贮存液		工作浓度	
	浓度/(mg/mL)	保存条件/℃	严紧型质粒/(μg/mL)	松弛型质粒/(μg/mL)
氨苄青霉素(Amp)	50(溶于水)	-20	20	60
氯霉素(Cmr)	34(溶于乙醇)	-20	25	170
卡那霉素(Kan)	10(溶于水)	-20	10	50
链霉素(Str)	10(溶于水)	-20	10	50
四环素(Tet)	5(溶于乙醇)	-20	10	50
壮观霉素(Spe)	10(溶于水)	-20	10	50

注：使用的水为灭菌蒸馏水，摇匀充分溶解。必要时用 0.22 μm 滤膜过滤，分装小份-20℃贮存。